职业教育产教融合培养创新人才成果教材

工业仿真软件
MIoT.VC 培训教程——基础篇

主　编　王寒里　朱秀丽
副主编　孔凡实　黄大岳
参　编　李成伟　谭卓辉　薛　金　何嘉琪

机械工业出版社

本书以美擎工业仿真软件 MIoT.VC 为载体，着重培养读者独立构建工作站实际应用场景虚拟仿真效果的能力。通过本书的学习，读者能够熟练使用 MIoT.VC 软件的操作，为学习实战篇和现场实践应用打好基础。全书以实际工程的典型应用案例为主线安排项目与任务，设计了 8 个项目，共计 30 个任务，包括认识、安装 MIoT.VC 软件，构建基本仿真工作站，掌握机器人的仿真操作，设备与机器人的互动操作，运用 AGV（智能小车）来运送工件，将成果制作成工程图，根据需求进行简单建模，用西门子 PLC 操作整个仿真工作站等内容。本书配备了丰富的学习资源，包含模型素材、虚拟仿真工作站、视频以及 PPT 课件。

本书适合作为职业院校工业机器人技术专业以及装备制造类、自动化类相关专业的教材，也可作为从事工业机器人应用技术人员、工业机器人集成方案供应商的销售人员的参考资料和培训用书。

图书在版编目（CIP）数据

工业仿真软件MIoT.VC培训教程. 基础篇 / 王寒里，朱秀丽主编. — 北京：机械工业出版社，2023.3
职业教育产教融合培养创新人才成果教材
ISBN 978-7-111-72613-5

Ⅰ.①工… Ⅱ.①王… ②朱… Ⅲ.①计算机仿真－应用软件－职业教育－教材 Ⅳ.①TP391.9

中国国家版本馆CIP数据核字（2023）第027506号

机械工业出版社（北京市百万庄大街22号　邮政编码100037）
策划编辑：汪光灿　　　　　责任编辑：汪光灿　赵文婕
责任校对：张亚楠　李　婷　　封面设计：马精明
责任印制：李　昂
北京中科印刷有限公司印刷

2023年4月第1版第1次印刷
285mm×210mm·10.75印张·276千字
标准书号：ISBN 978-7-111-72613-5
定价：65.00元

电话服务　　　　　　　　　网络服务
客服电话：010-88361066　　机　工　官　网：www.cmpbook.com
　　　　　010-88379833　　机　工　官　博：weibo.com/cmp1952
　　　　　010-68326294　　金　书　网：www.golden-book.com
封底无防伪标均为盗版　机工教育服务网：www.cmpedu.com

前言

进入21世纪，随着高性能计算、云计算等新一代计算模式的出现，工业仿真软件开始加速发展，从产品设计、工艺设计、工艺装配到机器人编程、物流线路规划，再到生产线仿真，工业仿真软件的应用范围正在不断深化和延伸。

近年来，美的集团通过一系列战略收购完善产业链布局，并依托自身积累的丰富工业转型经验积极布局工业智能化。2017年，美的集团收购了全球领先的工业仿真软件厂商VC，并据此打造了国内第一款拥有自主产权的美擎工业仿真软件MIoT.VC。美云智数科技有限公司源于美的集团，是"懂制造业的专家"，不仅拥有世界级"灯塔工厂"经验，在制造业数智化转型实践领域，更是极具深厚积淀。创建5年以来，得益于美的集团10年数字化实践、50余年制造业经验的滋养，如今其美擎工业仿真软件MIoT.VC数智化解决方案与成功实践已广泛应用于国内40+细分领域、400+行业领先企业。在美的集团美云智数公司的精心打磨下，美擎工业仿真软件MIoT.VC已经可以支撑工厂过程仿真、设备制造商销售和营销演示、控制器验证（PLC）和实时连接、机器人和工作单元仿真、应用开发以及数字孪生虚拟联动。

对于整个工业系统来说，应用工业仿真软件进行方案的验证对比，可及时发现问题，并虚拟验证优化后的方案，以减少实际生产的成本浪费，促使原材料库存减少、生产率提升、故障响应时间缩短、物流效率提升、项目周期缩短、产品品质提升等多方面优化效果。当然，美擎工业仿真软件MIoT.VC的应用场景远不止这些，其功能架构具有开放性，可以依靠自身需求，运用内部专业力量对其独有的应用场景和功能需求做定制化开发。随着工业数字化、智能化、工业互联网的迅猛发展，工业数据已经呈现指数式增长，工业仿真是一个非常好的切入点，其平台化的特性使得后期应用深化和拓展充满了无限可能。

本书是美擎工业仿真软件 MIoT.VC 教程的基础篇，结合工程应用实例，以"项目－任务"整理教学内容，循序渐进地提供了详细的功能介绍与操作步骤，可以帮助读者快速掌握 MIoT.VC 软件的操作方法。

本书由广州双元科技有限公司王寒里、广东科学技术职业学院朱秀丽任主编，美云智数科技有限公司孔凡实、深圳市博伦职业技术学校黄大岳任副主编。广东科学技术职业学院李成伟、广州双元科技有限公司谭卓辉、美云智数科技有限公司薛金和广东技术师范大学何嘉琪参与编写。

在编写过程中，编者得到了各方面的支持和帮助，在此表示诚挚的谢意。

由于编者水平有限，书中难免存在疏忽和不足之处，恳请广大读者批评指正。

编　者

前言

项目 01 认识、安装 MIoT.VC 软件

任务 1.1 了解什么是数字虚拟仿真应用技术 / 002

任务 1.2 安装 MIoT.VC 软件的流程与方法 / 003

任务 1.3 MIoT.VC 软件的授权管理 / 005

任务 1.4 MIoT.VC 软件界面介绍 / 007

项目 02 构建基本仿真工作站

任务 2.1 布局一个基本工作站 / 012

任务 2.2 设置布局中组件的属性 / 018

任务 2.3 物料在布局中动起来的设定 / 019

任务 2.4 将工作站运行起来并制作展示视频 / 030

项目 03 掌握机器人的仿真操作

任务 3.1 机器人使用真空吸盘拾取、搬运物料的编程操作 / 034

任务 3.2 机器人使用夹具拾取、搬运物料的编程操作 / 049

任务 3.3 机器人焊接轨迹的编程 / 052

任务 3.4 设置机器人的碰撞监控 / 059

项目 04 设备与机器人的互动操作

任务 4.1 设备入口来料的设定 / 064

任务 4.2 设备出口的出料设定 / 065

任务 4.3 机器人在设备之间搬运工件的操作 / 066

任务 4.4 工作人员参与生产的仿真操作 / 078

项目 05　运用 AGV 来运送工件

任务 5.1　为 AGV 小车规划运行路线 / 090

任务 5.2　一个 AGV 小车装载与卸料的简单仿真操作 / 094

任务 5.3　设置 AGV 小车的装载计数与堆垛高度 / 098

任务 5.4　为 AGV 小车充电 / 101

项目 06　将成果制作成工程图

任务 6.1　从虚拟仿真场景转换成工程图 / 104

任务 6.2　将工程图标注尺寸与注释 / 113

任务 6.3　将工程图导出并打印成图纸 / 116

项目 07　根据需求进行简单建模

任务 7.1　使用建模功能构建简单几何体 / 120

任务 7.2　测量工具的使用 / 122

任务 7.3　创建机械装置 / 123

项目 08　用西门子 PLC 操作整个仿真工作站

任务 8.1　与 PLC 连接的准备工作 / 140

任务 8.2　在西门子 TIA 中编写 PLC 程序 / 141

任务 8.3　PLC 与工作站之间通信信号设置 / 144

任务 8.4　测试 PLC 程序控制工作站的效果 / 160

项目 01

认识、安装 MIoT.VC 软件

任务 1.1 了解什么是数字虚拟仿真应用技术
任务 1.2 安装 MIoT.VC 软件的流程与方法
任务 1.3 MIoT.VC 软件的授权管理
任务 1.4 MIoT.VC 软件界面介绍

任务 1.1
了解什么是数字虚拟仿真应用技术

工业仿真软件是推动我国制造业发展的重要元素之一。工业仿真系统是由计算机、网络和控制系统构建的多维复杂系统，能实现实时感知、动态控制和信息服务等功能。

随着工业数字化、智能制造、第五代移动通信技术（5G）应用的不断深入，数字化的高阶应用——数字孪生成为可能，数字孪生旨在构建与现实世界实时共生的数字仿真世界。在搭建好与现实1:1的数字运动模型后，依据现实采集的数据实时驱动仿真环境，达到与现实世界信息实时同步的效果。数字孪生平台通过与数据采集与监视控制系统（Supervisory Control and Data Acquisition，SCADA）、制造执行系统（MES）、大数据、企业资源计划（Enterprise Resource Planning，ERP）等外部系统进行数据互交，将数据集成在三维数字孪生环境中，可以更直观地对业务现场进行监测、预警、管理和执行，还能远程进行方案设计协作与优化。

任务 1.2
安装 MIoT.VC 软件的流程与方法

MIoT.VC 软件安装包下载网址：http://miotvc.meicloud.com/

下载 MIoT.VC 软件安装包界面，如图 1-1 所示。

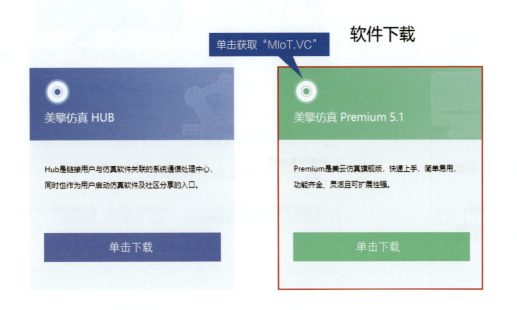

图 1-1　下载 MIoT.VC 软件安装包界面

MIoT.VC 软件安装过程如图 1-2~图 1-7 所示。

图 1-2　MIoT.VC 软件安装包图标

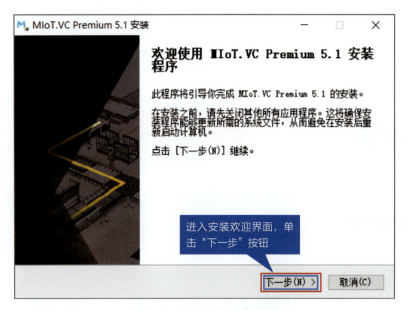

图 1-3　MIoT.VC 安装界面

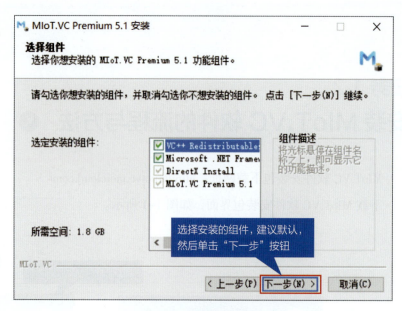

图 1-4　选择安装组件

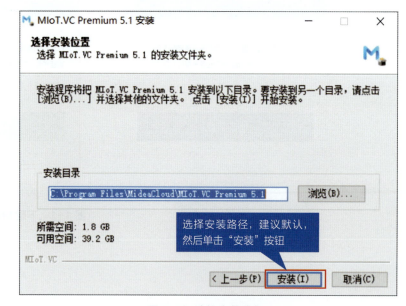

图 1-5　选择安装路径

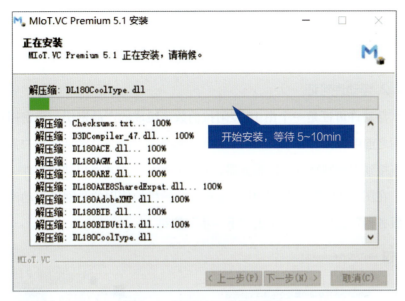

图 1-6　MIoT.VC 软件安装中

任务 1.3
MIoT.VC 软件的授权管理

首次运行 MIoT.VC 软件时，需要提供一个独立的许可证或许可服务器的地址。

1. 独立许可证

独立许可证是一个由 16 位阿拉伯数字组成的产品密钥，该密钥在使用之前必须经过互联网验证并激活，在图 1-8 所示对话框中，单击"下一步"按钮。

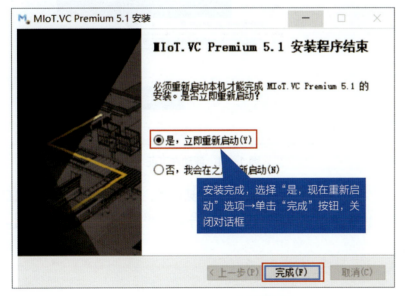

图 1-7　MIoT.VC 软件安装完成

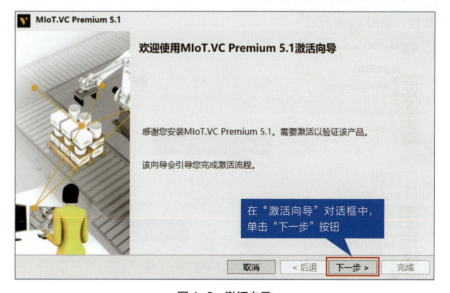

图 1-8　激活向导

在"许可证类别"对话框中,选择"我拥有一个独立产品密钥"选项,然后单击"下一步"按钮,如图1-9所示。

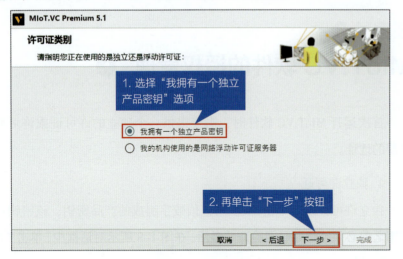

图1-9 独立密钥

在"产品密钥"文本框中,输入16位数产品密钥,然后单击"完成"按钮,如图1-10所示。

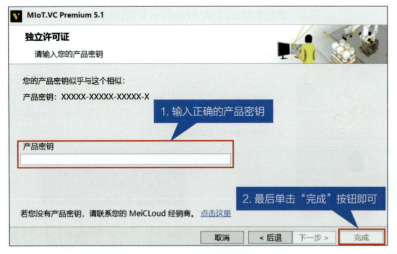

图1-10 输入密钥

2. 浮动许可证

浮动许可证是一个由16位阿拉伯数字组成的产品密钥,该密钥在使用之前由服务器管理员在网络许可证服务器上验证并激活,用户需要先连接到本地网络许可证服务器,并具有用户权限才可以使用软件。

在图1-11所示对话框中,选择"我的机构使用的是网络浮动许可证服务器"选项,然后单击"下一步"按钮。

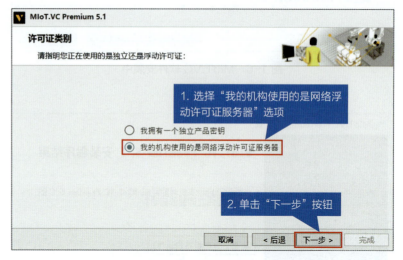

图1-11 浮动许可证

在"浮动许可证服务器设置"对话框中,输入机构的本地许可证服务器主机名或IP地址和端口号,然后单击"下一步"按钮,如图1-12所示。

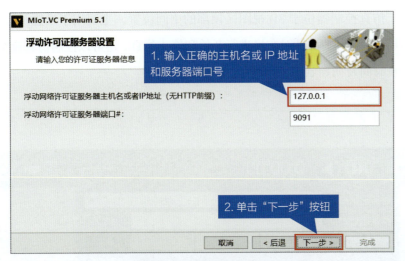

图 1-12　输入 IP 地址

任务 1.4
MIoT.VC 软件界面介绍

如图 1-13 所示，MIoT.VC 软件的主界面有一组选项卡，各选项卡用于进入各种不同的工作环境以及控制工作的界面，在选项卡中包含分组排列的相关指令。3D 视图区是用于操作组件和运行仿真的环境。对接面板与 3D 视图区相邻，用于动态显示与当前操作相关的内容。

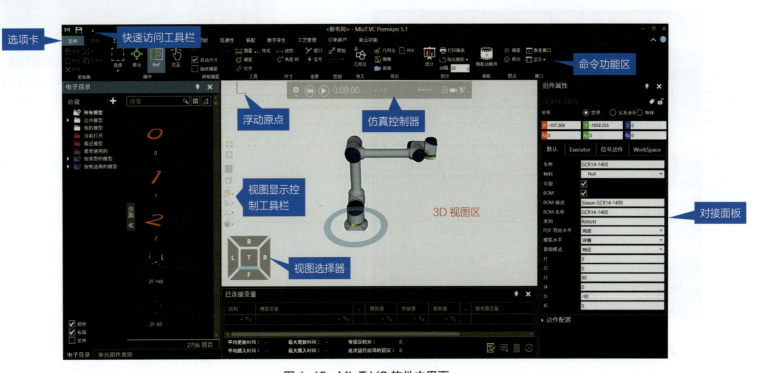

图 1-13　MIoT.VC 软件主界面

用户可以在快速访问工具栏上控制标准命令的可用性以及工具栏自身在工作空间中的位置,如图 1-14 所示。

执行以下一项或全部操作:
- 要使命令可用,可将光标移至未做标记的命令,然后单击该命令。
- 要使命令不可用,可将光标移至已标记的命令,然后单击该命令。
- 要更改快速访问工具栏的位置,可根据快速访问工具栏的当前位置,单击"在功能区上方显示"或"在功能区下方显示"命令,而"最小化功能区"命令是将命令功能区折叠起来。

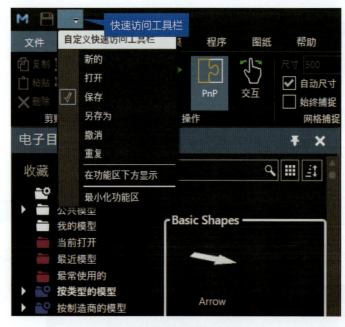

图 1-14　快速访问工具栏

仿真控制器位于 3D 视图区顶部的中间位置,主要用于设置及操作布局仿真效果,可针对布局进行开始和停止仿真,还可以控制仿真速度、仿真时间及初始状态,如图 1-15 所示。

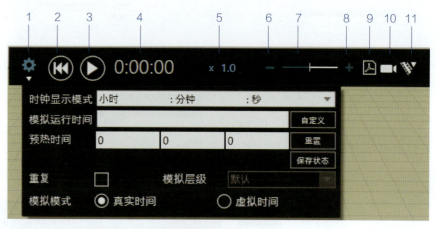

图 1-15　仿真控制器

1—设置　2—重置　3—播放 / 暂停　4—模拟时间　5—播放倍数
6—减速　7—速度滑块　8—加速　9—导出为 3D PDF
10—导出视频　11—导出 VR 动画

"开始"选项卡上的分组命令,如图 1-16 所示。

"开始"选项卡的主要功能如下:
- 打开、保存和创建新的布局。
- 添加、选择、编辑和操作组件。
- 运行仿真并对仿真导出 PDF(三维数据化显示)、图片、视频和几何模型等格式文件。
- 在不同环境中设置组件的显示方式和渲染模式。
- 针对布局进行产量、时间和信号等多种项目统计。

"建模"选项卡上的分组命令，如图 1-17 所示。

"建模"选项卡用来创建组件或为已有组件添加特征，其主要功能如下：

- 创建、编辑和链接节点，以形成一个关节运动链。
- 创建和链接行为，以执行和仿真内外部任务及动作。
- 在特征中包含、创建和操作 CAD 几何元及拓扑。
- 创建和引用组件属性，以控制和限制组件中其他属性的值。
- 使用数学方程式和表达式定义属性，使组件参数化。
- 创建静态、动态的物体及实体，用于模拟物料现象，包括还原、硬度和弹性。

"程序"选项卡上的分组命令，如图 1-18 所示。

"程序"选项卡用来示教机器人及编程，其主要功能如下：

- 对选中的机器人及任何外部关节示教定位、路径和其他动作。
- 读取、写入和编辑机器人程序以及控制器数据。
- 执行离线编程、碰撞检测、限位测试、校准以及优化。

图 1-16 "开始"选项卡

图 1-17 "建模"选项卡

图 1-18 "程序"选项卡

- 显示和编辑机器人 I/O 端口连线。
- 选择、编辑和操纵机器人的动作位置。

"图纸"选项卡上的分组命令，如图 1-19 所示。

"图纸"选项卡用来创建、设计和导出程序图，其主要功能如下：

- 导入图纸模板和准备可打印的文档。
- 手动创建或使用标准正交视图指令自动创建 3D 空间的二维视图。
- 使用注释、尺寸和物料清单来表达视图的比例、大小和标注。
- 将图纸导出为矢量图形和 CAD 文件。

"帮助"选项卡用于访问帮助文档、在线支持和社交媒体。

另外，将光标移至选项卡中的命令按钮，可以获取有关该命令的说明。单击窗口右上角 按钮或按 <F1> 键，可以直接打开帮助文件，如图 1-20 所示。

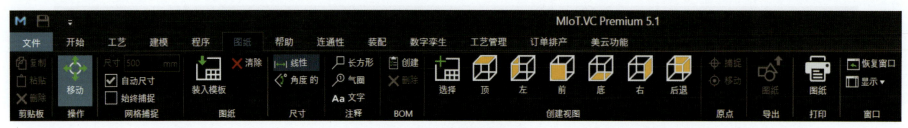

图 1-19　"图纸"选项卡

图 1-20　"帮助"选项卡

项目 02

构建基本仿真工作站

任务 2.1　布局一个基本工作站
任务 2.2　设置布局中组件的属性
任务 2.3　物料在布局中动起来的设定
任务 2.4　将工作站运行起来并制作展示视频

任务 2.1
布局一个基本工作站

一、场景概述

图 2-1 所示为机器人上、下料场景。在该场景中，机器人将抓取放置于木板上的圆柱形零件，将其放至机床上进行加工。通过学习本节内容，学生将初步了解并学习组件导入、机器人手动示教和组件属性更改操作方法。

表 2-1 机器人上、下料场景组件列表

组件名称	数量
Pallet（木板托盘）	1 个
Jaw Gripper（夹爪）	1 个
Process-ProMill（机床）	1 台
Part（零件）	1 个
ARC Mate_ 120iC/10L（机器人）	1 个

三、场景搭建

选择"电子目录"面板中"按类型的模型"选项，找到"Robots"文件夹，展开"Robots"文件夹，双击"Fanuc"机器人模型库，如图 2-2 所示。单击并拖动需要的组件至 3D 视图区。

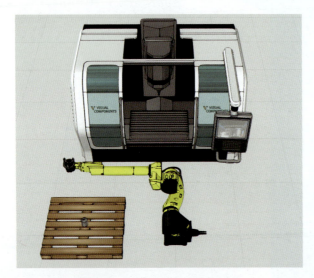

图 2-1 机器人上、下料场景

二、组件列表

基本工作站机器人上、下料场景组件列表见表 2-1。

图 2-2 添加机器人组件

在"电子目录"面板中双击"Robot Tools"文件夹，双击或单击并拖动"Jaw Gripper（夹爪）"组件到 3D 视图区，如图 2-3 所示。

图 2-3　添加夹爪组件

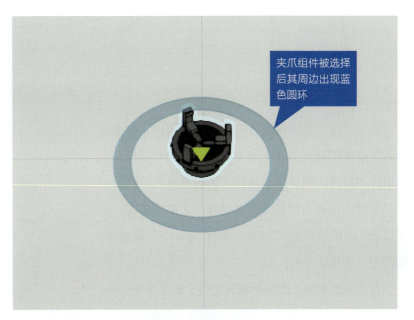

图 2-4　选择夹爪组件

在"PnP"状态下（使"开始"选项卡上"操作"组中的"PnP"按钮处于被选择状态），选择机器人"Jaw Gripper（夹爪）"组件，夹爪组件被选择后其周边出现蓝色圆环，如图 2-4 所示。

单击并拖动"Jaw Gripper（夹爪）"组件至机器人末端附近，两组件接近后，在夹爪组件和机器人末端会出现一个绿色箭头，如图 2-5 所示，表示两者属于可建立连接关系。

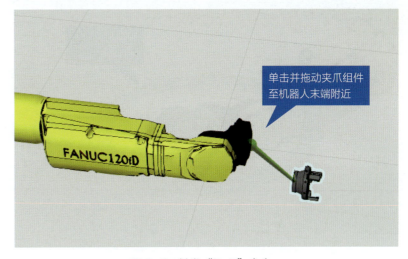

图 2-5　触发"PnP"命令

项目 02　构建基本仿真工作站　013

继续沿绿色箭头所指方向拖动夹爪组件,直至夹爪组件被吸附至机器人末端为止,此时松开鼠标,夹爪组件和机器人组件建立连接,如图 2-6 所示。

在进行设备与机器人的互动操作之前需要在"电子目录"面板中找到"Version 4.0（legacy）"模型库,如图 2-7 所示。

在"编辑来源"命令下添加组件,如图 2-8 所示。

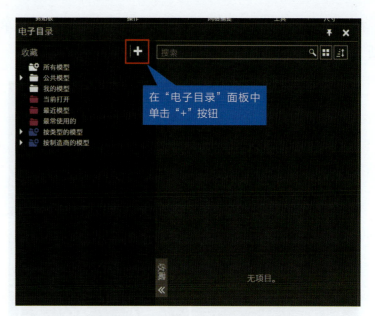

图 2-7　在"电子目录"面板中添加新的目录

图 2-6　夹爪组件和机器人组件建立连接

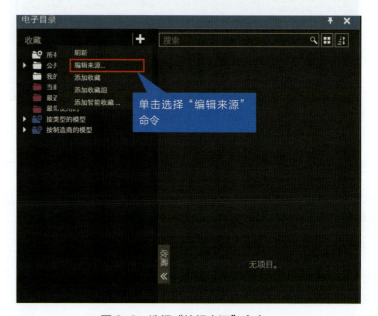

图 2-8　选择"编辑来源"命令

勾选"Version 4.0（legacy）"组件复选框（扫码回复"美擎模型库"，获取下载模型链接）。下载完成后单击"添加新来源"按钮，找到模型库存储路径，然后勾选，如图 2-9 所示。

添加完后会在"电子目录"面板中显示"Version 4.0（legacy）"，如图 2-10 所示。

选择"电子目录"面板中的"Version4.0（legacy）"选项，在"电子目录"面板中的"搜索"文本框输入组件名称进行搜索，如图 2-11 所示。

单击并拖动"ProMill（机床）"组件至机器人前方，作为机器人上料加工位置，如图 2-12 所示。

图 2-9　勾选"Version4.0（legacy）"组件复选框

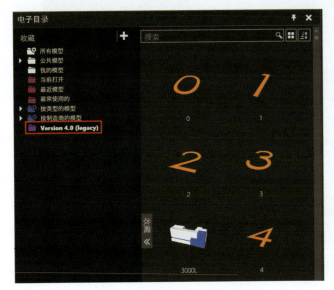

图 2-10　"电子目录"面板

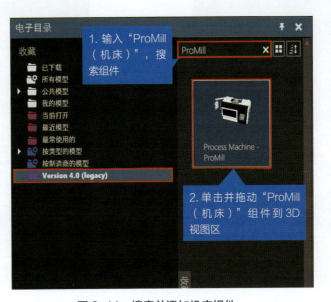

图 2-11　搜索并添加机床组件

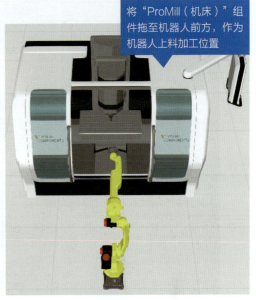

图 2-12　摆放机床

选择"电子目录"面板中的"按类型的模型"选项，选择"Products and Containers"文件夹，找到"Pallet（木板托盘）"组件，如图 2-13 所示。

单击并拖动"Pallet（木板托盘）"组件至机器人左侧，作为代加工零件的储放位置，如图 2-14 所示。

选择"电子目录"面板中的"按类型的模型"选项，选择"Products and Containers"文件夹，找到"Part（零件）"组件，如图 2-15 所示。

图 2-14　摆放木板托盘

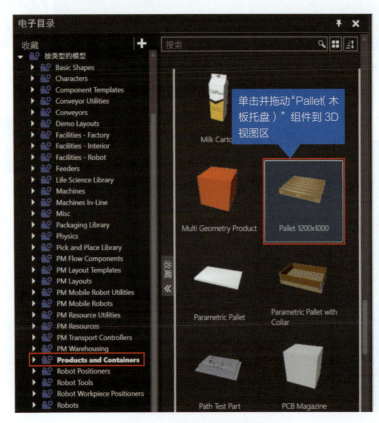

图 2-13　添加木板托盘组件

图 2-15　添加零件组件

选择"Part（零件）"组件，单击"开始"选项卡上"工具"组中的"捕捉"按钮，将光标放置于木板托盘上平面的正中心位置，如图 2-16 所示。

基本工作站布局完成，如图 2-17 所示。

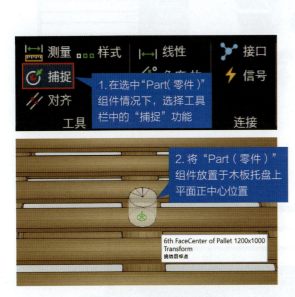

图 2-16　零件捕捉摆放

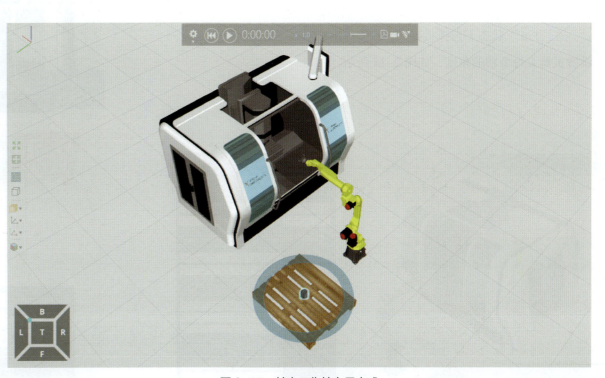

图 2-17　基本工作站布局完成

任务 2.2
设置布局中组件的属性

在"PnP"状态下选择机器人,右侧弹出机器人"组件属性"面板,设置机器人每个轴的角度,如图 2-18 所示。

改变机器人的初始姿态,如图 2-19 所示。

单击打开"模拟设置" ⚙ 按钮,单击"保存状态"按钮,将当前机器人的姿态设置为机器人的初始姿态,如图 2-20 所示。

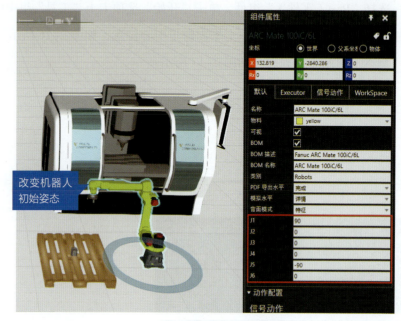

图 2-19 改变机器人初始姿态

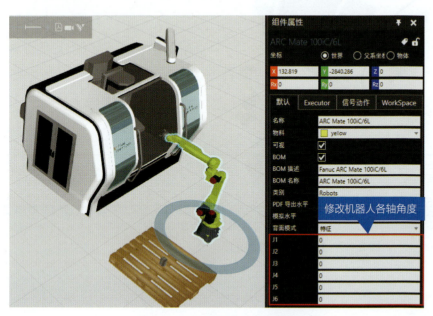

图 2-18 设置机器人组件属性

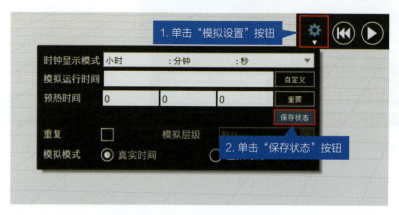

图 2-20 单击"保存状态"按钮

选择布局内的机床组件,在"组件属性"面板内找到对应的"SetUpTime""CycleTime""SetDownTime"三个时间参数,自行设置机床工作时间,如图2-21所示。

任务 2.3
物料在布局中动起来的设定

选择"程序"选项卡,进入机器人编程界面,在"操作"组中单击"点动"按钮,如图2-22所示。

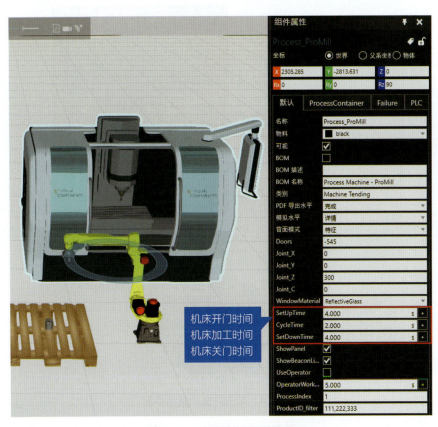

图 2-21　设置机床组件参数

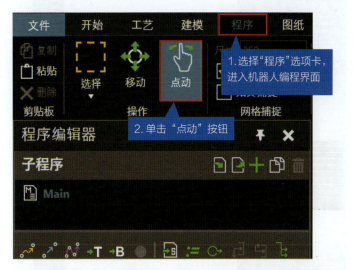

图 2-22　机器人编程界面

在"工具"列表框中选择"Tool_TCP（工具坐标系）"选项，如图 2-23 所示。完成机器人末端坐标系位置的确定。工具坐标系为夹爪组件自带的坐标系，主要用于机器人在安装夹爪后定义路径坐标点。

在 3D 视图区内，完成机器人工具坐标系的确定，与机器人连接的夹爪末端显示"Tool_TCP"坐标系。单击并拖动坐标系中的蓝色平面（XOY平面）至被抓取"Part（零件）"组件上方，作为机器人接近被抓取零件的接近路径，如图 2-24 所示。

图 2-23　定义工具坐标系

图 2-24　单击并拖动蓝色平面

完成后通过鼠标右键切换至合适视角，单击并向下拖动工具坐标系 Z 轴，即蓝色轴线至一段距离，使机器人在 Z 方向上靠近"Part（零件）"组件，如图 2-25 所示。

图 2-25 单击并拖动工具坐标系 Z 轴

完成手动定义机器人姿态后，须记录机器人第一个移动坐标点位置。在左侧的"程序编辑器"面板内单击"点对点运动动作"按钮，如图 2-26 所示。

图 2-26 指令位置

程序编辑器生成点 P1，该指令记录点 P1 的位置移动，如图 2-27 所示。

图 2-27 程序记录

机器人接近被抓取零件后，须通过"捕捉"命令准确设置抓取点。单击"程序"选项卡上"工具"组中的"捕捉"按钮，如图 2-28 所示。

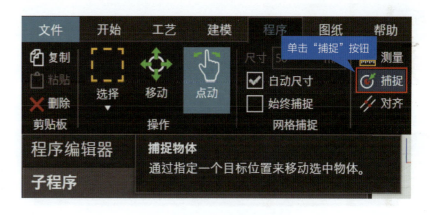

图 2-28 单击"捕捉"按钮

此时夹爪呈半透明状态显示，并跟随光标移动。将光标移至"Part（零件）"组件上表面，可自动识别平面中心位置，中心以"×"标识。将光标靠近标识，光标会自动吸附至中心，如图2-29所示。

图2-29 捕捉上表面

此时单击确认定位，夹爪组件到达物料抓取点位置，如图2-30所示。

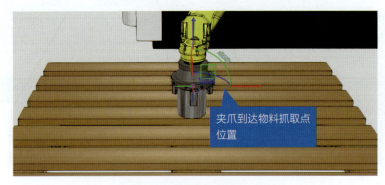

图2-30 夹爪到达抓取点位置

在程序编辑器中，选择"点对点运动动作"命令，在"程序编辑器"面板中生成点P2，如图2-31所示。

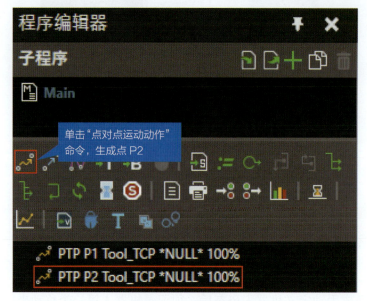

图2-31 程序记录

此时机器人已到达抓取点位置，须给定一个抓取信号。在"程序编辑器"面板内单击"设置二元输出动作"按钮，在"动作属性"面板中设置输出信号。在软件中，各信号段的作用不尽相同，可自定义或按照系统给定任务执行。关于系统给定信号段定义，详见表2-2。

表2-2 系统给定信号段定义

信号段	作用
1~16	发送抓取和释放动作信号
17~32	用于发送跟踪动作信号
33~48	用于发送安装和卸载工具动作信号

选择机器人组件，软件界面右侧弹出机器人的"组件属性"面板，如图2-32所示。

在"组件属性"面板中，展开"动作配置"选项，修改抓取物料的输出值，"对时"选择"抓取"，"使用工具"选择相对应的工具坐标，如图2-33所示。

机器人到达抓取零件位置后，须给定一个抓取信号，机器人通过"设置二元输出动作"命令发送输出信号，如图2-34所示。

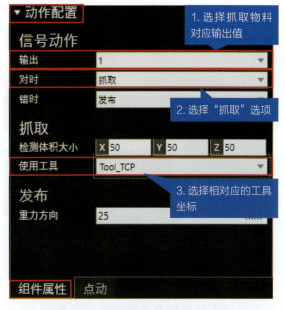

图2-33 设置信号对应工具坐标系

图2-32 机器人"组件属性"面板

图2-34 抓取程序指令

单击"设置二元输出动作"按钮，在软件界面右侧出现"动作属性"面板，在"输出端口"文本框中输入针对 1~16 信号段所选数值，如图 2-35 所示。

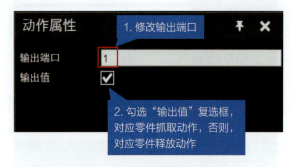

图 2-35 "动作属性"面板

单击并向上拖动工具坐标系 Z 轴，即蓝色轴线至一段距离，使机器人在 Z 方向上远离"Part（零件）"组件，如图 2-36 所示。

图 2-36 使 Z 轴远离抓取点

在左侧的"程序编辑器"面板内单击"线性运动动作"按钮，生成点 P3，如图 2-37 所示。

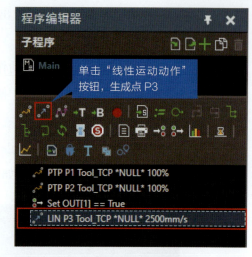

图 2-37 记录点 P3 位置

单击并拖动坐标系中的蓝色平面（XOY 平面）至机床门前，如图 2-38 所示。

图 2-38 拖动 XOY 平面至机床门前

在左侧的"程序编辑器"面板内单击"点对点运动动作"按钮，生成点 P4，如图 2-39 所示。

单击 3D 视图区正上方仿真控制器内的"重置"按钮，使布局回到初始位置。单击"播放"按钮，检验已创建程序指令形成的路径，如图 2-40 所示。布局模拟后机器人姿态停留在已创建的点 P4 位置，同时零件被吸附至夹爪末端，如图 2-41 所示。

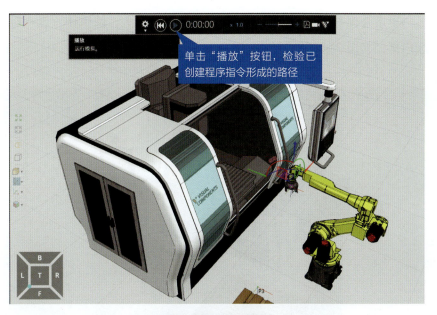

图 2-40　检验程序

图 2-39　记录点 P4 位置

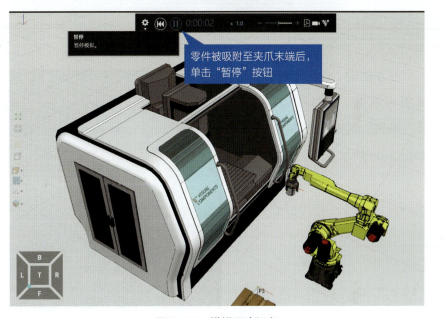

图 2-41　模拟程序运行

单击并拖动坐标系中的红色平面(YOZ平面),使机械臂进入机床内部,如图2-42所示。

图2-42 接近放置点

在左侧的"程序编辑器"面板内单击"点对点运动动作"按钮,完成点P5的创建,如图2-43所示。

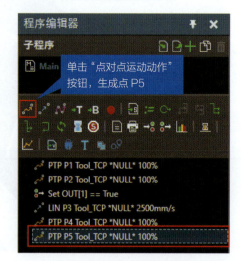

图2-43 记录点P5位置

在放置零件前进行零件的测量。单击"程序"选项卡上"工具"组中的"测量"按钮,如图2-44所示。在3D视图区依次单击"Part(零件)"组件的上端面和下端面进行高度测量,"测量"命令会将所选两点之间的所有距离显示出来,找到显示的垂直距离(100.0mm),如图2-45所示。

图2-44 单击"测量"按钮

图2-45 测量高度

在软件界面右下角关闭"测量"命令。单击"程序"选项卡上"工具"组中的"捕捉"按钮,如图2-46所示。利用"捕捉"命令捕捉机床工作台中心位置,如图2-47所示。

单击确认位置,使放置点定位在工作台中心位置,如图2-48所示。

图2-46 单击"捕捉"按钮

图2-48 定位工作台中心位置

单击"点对点运动动作"按钮,创建放置点P6。此时放置点需要预留零件位置,因此在"程序编辑器"面板内选择点P6,如图2-49所示。

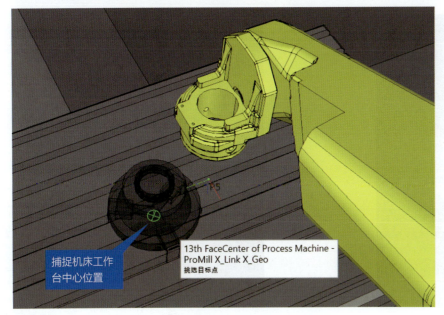

图2-47 捕捉机床工作台中心位置

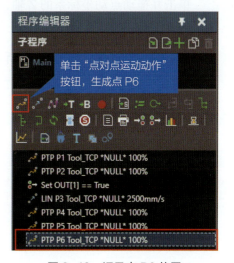

图2-49 记录点P6位置

在右侧的"动作属性"面板内"Z"文本框原有数值的基础上加上100mm的高度值（100mm为测量零件高度所得），如图2-50所示。

零件被机器人搬运至放置点（加工位置），可将夹爪松开，使零件放置于工作台上。在"程序编辑器"面板内单击"设置二元输出动作"按钮，设置放置信号，如图2-51所示。

在右侧的"动作属性"面板内的"输出端口"文本框中输入"1"（放置时所用信号与抓取时信号相同），放置零件时需取消勾选"输出值"复选框，如图2-52所示。

单击并拖动点动坐标系的Z轴，使其向上移动，使机器人手臂向上移动一段距离，远离放置点即可，如图2-53所示。

图2-50　更改点位高度

图2-52　设置动作属性

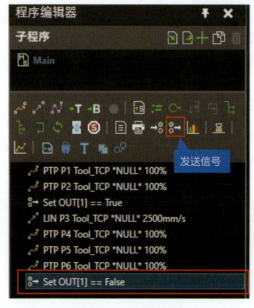

图2-51　放置程序指令

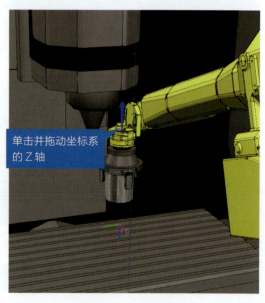

图2-53　远离放置点

单击"线性运动动作"按钮，创建点 P7，作为放置零件时的远离点，如图 2-54 所示。

单击并拖动点动坐标系中的红色平面（YOZ 平面），使机器人离开机床工作范围，如图 2-55 所示。

单击"点对点运动动作"按钮记录动作，创建点 P8，如图 2-56 所示。

选择布局中的机床组件，机床组件被选择后其周边出现蓝色，如图 2-57 所示。右侧弹出机床的"组件属性"面板。

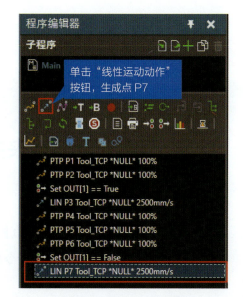

图 2-54　记录点 P7 位置

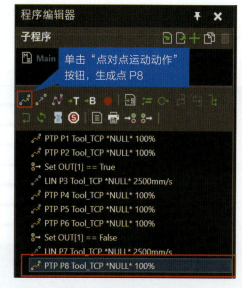

图 2-56　记录点 P8 位置

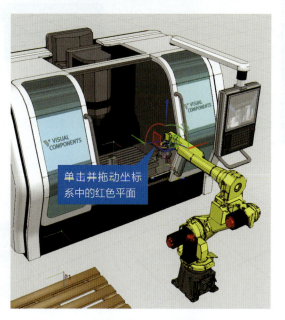

图 2-55　退出机床外

图 2-57　选择机床组件

在检验过程中，若出现机器人手臂未完全退出、机床已关门加工的情况，可适当延长关门时间，如图 2-58 所示。

图 2-58　设置机床参数

任务 2.4
将工作站运行起来并制作展示视频

一、将工作站运行起来

单击 3D 视图区正上方仿真控制器内的"重置"按钮，使布局回到初始位置。单击"播放"按钮，检验已创建程序指令形成的路径，将工作站运行起来，如图 2-59 所示。

图 2-59　检验程序

二、制作展示视频

单击 3D 视图区正上方仿真控制器内的"导出至视频"按钮，如图 2-60 所示。

软件右侧弹出"导出至视频"面板，自行设置视频质量选项参数，如图 2-61 所示。

自行选择视频的存放路径，单击"保存"按钮，如图 2-62 所示。

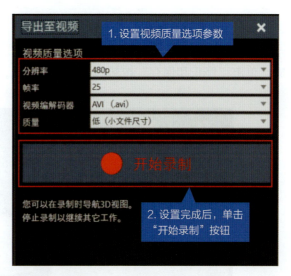

图 2-61 "导出至视频"面板

图 2-60 单击"导出至视频"按钮

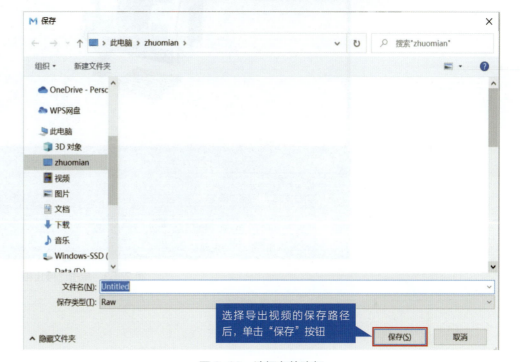

图 2-62 选择存放路径

项目 02 构建基本仿真工作站

视频录制完成,单击"停止和保存"按钮,视频导出完成,如图2-63所示。

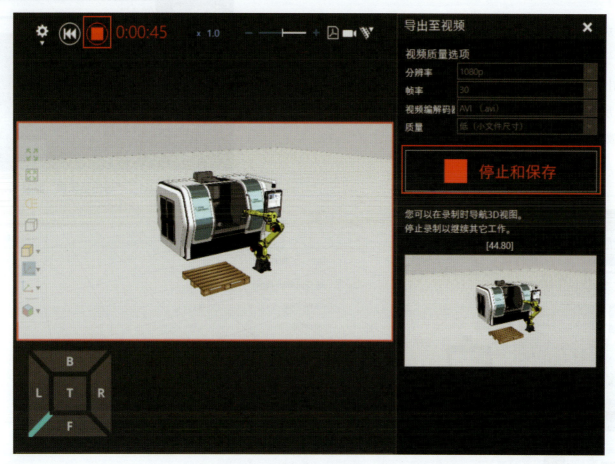

图2-63 单击"停止和保存"按钮

项目 03

掌握机器人的仿真操作

任务 3.1　机器人使用真空吸盘拾取、搬运物料的编程操作
任务 3.2　机器人使用夹具拾取、搬运物料的编程操作
任务 3.3　机器人焊接轨迹的编程
任务 3.4　设置机器人的碰撞监控

任务 3.1
机器人使用真空吸盘拾取、搬运物料的编程操作

一、场景概述

图 3-1 所示为机器人使用真空吸盘拾取、搬运物料场景。在场景中，机器人使用吸盘吸取传送带上的物料，将其放至机床内进行加工。

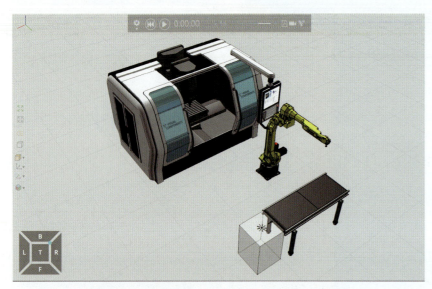

图 3-1　机器人使用真空吸盘拾取、搬运物料场景

二、组件列表

机器人使用真空吸盘拾取、搬运物料场景组件列表，见表 3-1。

表 3-1　机器人使用真空吸盘拾取、搬运物料场景组件列表

组件名称	数量
ARC Mate_ 120iC/10L（机器人）	1个
Vacuum Gripper（真空吸盘）	1个
Sensor Conveyor（带传感器的传送带）	1个
Feeders（供料器）	1个
Process-ProMill（机床）	1台

三、场景搭建

选择"电子目录"面板中"按类型的模型"选项，找到"Robots"文件夹，展开"Robots"文件夹，双击"Fanuc"机器人模型库，如图 3-2 所示。单击并拖动所需要的组件至 3D 视图区。

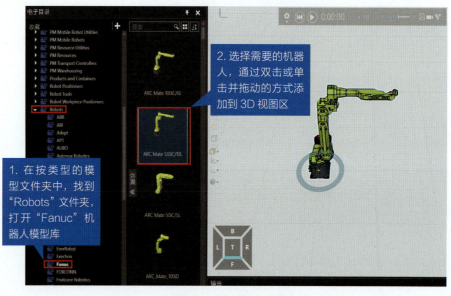

图 3-2　添加机器人组件

在"电子目录"面板中双击"Robot Tools"文件夹，双击或单击并拖动"Vacuum Gripper（真空吸盘）"组件到3D视图区，如图3-3所示。

在"PnP"状态下（使"开始"选项卡上"操作"组中的"PnP"按钮处于被选择状态），选择机器人"Vacuum Gripper（真空吸盘）"组件，真空吸盘组件被选择后，其周边出现蓝色圆环，如图3-4所示。

单击并拖动"Vacuum Gripper（真空吸盘）"组件至机器人末端附近，两组件接近后，在真空吸盘组件和机器人末端会出现一个绿色箭头，如图3-5所示，表示两者属于可建立连接关系。

继续沿绿色箭头所指方向拖动吸盘组件，直至真空吸盘组件被吸附至机器人末端为止，此时松开鼠标，真空吸盘组件和机器人组件建立连接，如图3-6所示。

图3-3 添加真空吸盘组件

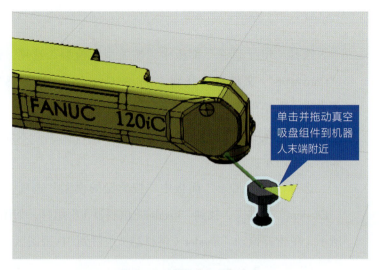

图3-5 触发"PnP"命令

图3-4 选择真空吸盘组件

图3-6 真空吸盘组件和机器人组件建立连接

选择"电子目录"面板中"按类型的模型"选项，选择"Conveyors"文件夹，找到"Sensor Conveyor（带传感器的传送带）"组件，如图3-7所示。

单击并拖动"Conveyor（传送带）"组件至机器人前方，如图3-8所示。

选择"电子目录"面板中"按类型的模型"选项，选择"Feeders"文件夹，找到"Feeder（供料器）"组件，如图3-9所示。单击并拖动"Feeder（供料器）组件到3D视图区。

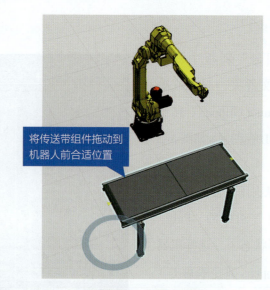

图3-8　摆放传送带

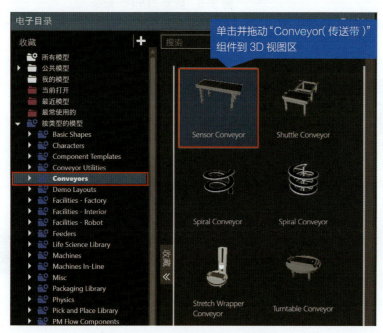

图3-7　添加带传感器传送带组件

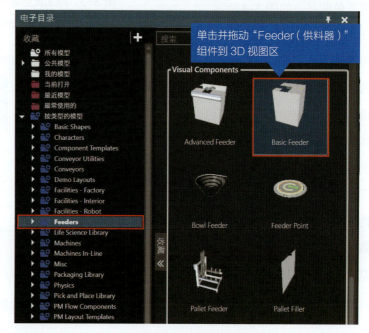

图3-9　添加供料器组件

选择"Feeder（供料器）"组件，单击并拖动供料器组件到传送带入口附近，如图 3-10 所示。沿着绿色箭头将供料器吸附在传送带，两组件建立连接，如图 3-11 所示。

在进行设备与机器人的互动操作之前需要在"电子目录"面板中找到"Version 4.0（legacy）"模型库，如图 3-12 所示。

在"编辑来源"命令下添加组件，如图 3-13 所示。

图 3-12　在电子目录下添加新的目录

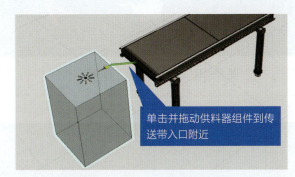

图 3-10　触发"PnP"命令

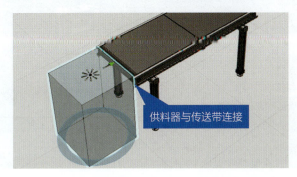

图 3-11　供料器组件与传送带组件建立连接

图 3-13　选择"编辑来源"命令

勾选"Version 4.0（legacy）"组件复选框，如图 3-14 所示。

添加完后会在"电子目录"面板中显示"Version 4.0（legacy）"，如图 3-15 所示。

选择"电子目录"面板中的"Version4.0(legacy)"选项，在"电子目录"面板中的"搜索"文本框输入组件名称进行搜索，如图 3-16 所示。

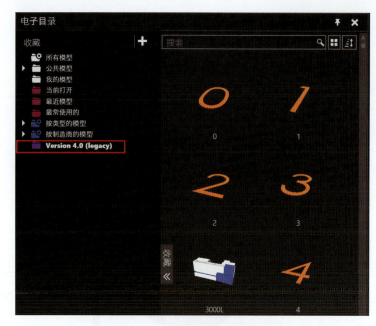

图 3-15 "电子目录"面板

图 3-14 勾选"Version4.0（legacy）"组件复选框

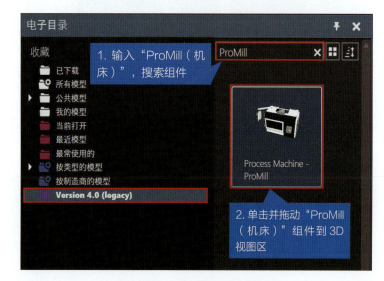

图 3-16 搜索并添加机床组件

单击并拖动"ProMill（机床）"组件至机器人后方，作为机器人上料加工位置，如图 3-17 所示。

选择"程序"选项卡，进入机器人编程界面，在"连接"组中单击"信号"按钮，如图 3-18 所示。

将机器人的输入/输出信号与传送带组件的"SensorBooleanSignal（传感器信号）"和"StartStop（启停信号）"进行连接，如图 3-19 所示。

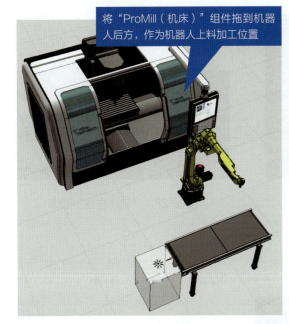

图 3-17 摆放机床

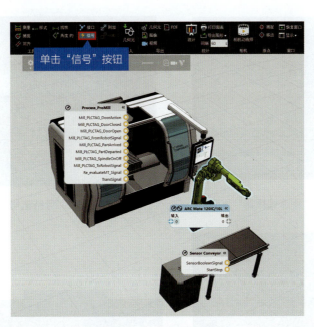

图 3-18 "信号"按钮

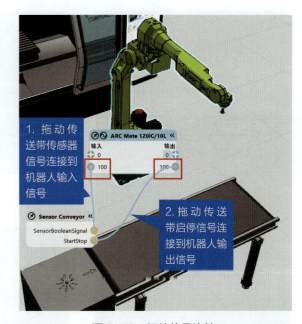

图 3-19 组件信号连接

选择"程序"选项卡，如图 3-20 所示。

选择需要编程的机器人，左侧显示程序指令，如图 3-21 所示。

在程序编辑器中选择"等待二元输入信号"命令，等待传送带的输入信号，如图 3-22 所示。

单击"等待二元输入信号"按钮，在软件界面右侧出现"动作属性"面板，在"输入端口"文本框中输入机器人与传送带连接的端口号，勾选"输入值"复选框，如图 3-23 所示。

机器人须通过"设置二元输出动作"命令发送一个信号给传送带，暂停传送带，如图 3-24 所示。

单击"设置二元输出信号"按钮，在软件界面右侧出现"动作属性"面板，在"输出端口"文本框中输入机器人与传送带连接的端口号，取消勾选"输出值"复选框，如图 3-25 所示。

图 3-20　"程序"选项卡

图 3-21　"程序编辑器"界面

图 3-22　等待信号

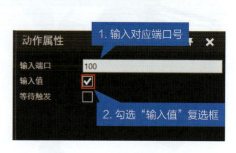

图 3-23　"动作属性"面板

图 3-24　输出信号

图 3-25　取消勾选"输出值"复选框

单击 3D 视图区正上方仿真控制器内的"重置"按钮，使布局回到初始位置。单击"播放"按钮，检验已创建程序指令形成的路径，如图 3-26 所示。

在"工具"列表框中选择"GripperTCP（工具坐标系）"选项，如图 3-28 所示。完成机器人末端坐标系位置的确定。

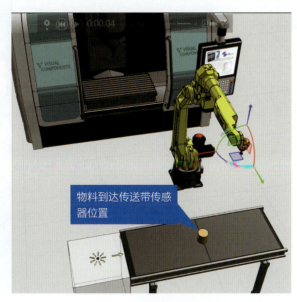

图 3-26　检验程序

供料器生产物料，物料到达传送带传感器位置，机器人发送信号给传送带，传送带暂停工作，如图 3-27 所示。

图 3-27　已创建程序运行结束

图 3-28　定义工具坐标系

通过"捕捉"命令准确设置抓取点。单击"程序"选项卡上"工具"组中的"捕捉"按钮,如图3-29所示。此时吸盘呈半透明状态显示,并跟随光标移动。

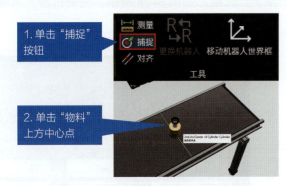

图3-29 捕捉上表面

将光标移至物料上表面,可自动识别平面中心位置,中心以"×"标识。将光标靠近标识,光标会自动吸附至中心。此时单击确认定位,如图3-30所示。

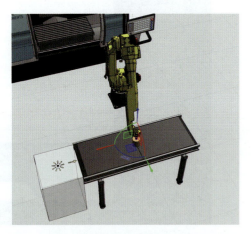

图3-30 吸盘到达抓取点位置

在程序编辑器中单击"点对点运动动作"按钮,生成点P1,如图3-31所示。

图3-31 程序记录

选择机器人组件,软件右侧弹出机器人的"组件属性"面板,如图3-32所示。

图3-32 机器人"组件属性"面板

在"组件属性"面板中,展开"动作配置"选项,修改抓取物料的输出值,"对时"选择"抓取","使用工具"选择相对应的工具坐标,如图 3-33 所示。

单击"设置二元输出动作"按钮,在软件界面右侧出现"动作属性"面板,在"输出端口"文本框中输入针对 1~16 信号段所选数值,如图 3-35 所示。

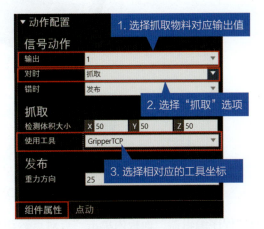

图 3-33　设置信号对应工具坐标系

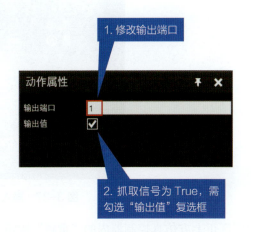

图 3-35　"动作属性"面板

机器人到达抓取物料位置后,须给定一个抓取信号,机器人通过"设置二元输出动作"命令发送输出信号,如图 3-34 所示。

单击并向上拖动机器人工具坐标 Z 轴,到合适位置,单击"点对点运动动作"按钮,在同一位置上,生成点 P2 和点 P3,如图 3-36 所示。

图 3-34　抓取程序指令

图 3-36　创建点 P2 和点 P3

单击并拖动点 P3 到点 P1 前，点 P3 为切入点，点 P2 为切出点，如图 3-37 所示。

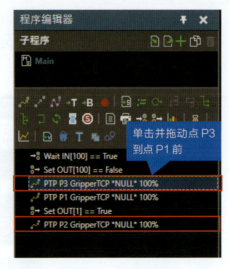

图 3-37 插入接近点

单击 3D 视图区正上方仿真控制器内的"重置"按钮。单击"播放"按钮，布局模拟后机器人姿态停留在已创建的点 P2 位置，同时零件被吸附至吸盘末端，如图 3-38 所示。

图 3-38 检验已创建的程序

单击并拖动点动坐标系的蓝色平面（XOY 平面）至机床前，如图 3-39 所示。

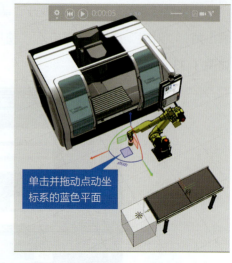

图 3-39 拖动 XOY 平面到机床前

在左侧的"程序编辑器"面板内单击"点对点运动动作"按钮，完成点 P4 的创建，如图 3-40 所示。

图 3-40 记录点 P4 位置

单击"程序"选项卡上"工具"组中的"测量"按钮，如图 3-41 所示，测量物料高度距离，找到显示的垂直距离（100.0mm），如图 3-42 所示。

单击"程序"选项卡上"工具"组中的"捕捉"按钮，如图 3-43 所示。利用"捕捉"命令捕捉机床工作台中心位置，如图 3-44 所示。

在右侧的"点动"面板内的"Z"文本框输入原有数值加上 100mm 的高度值（100mm 为测量零件高度所得），如图 3-45 所示。

图 3-41 单击"测量"按钮

图 3-43 单击"捕捉"按钮

图 3-42 测量高度

图 3-44 捕捉机床工作台中心位置

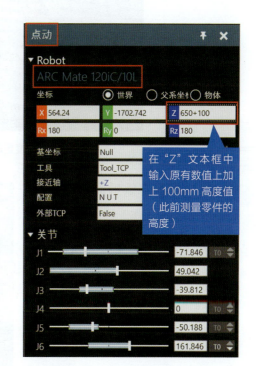

图 3-45 更改机器人组件高度

机器人 Z 轴往上移动 100mm 后，机器人吸取物料到达机床加工位置，如图 3-46 所示。

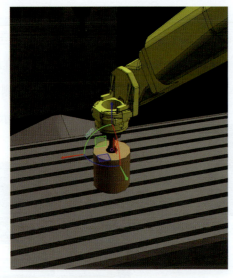

图 3-46　高度更改完成

然后在程序编辑器中，单击"点对点运动动作"按钮，生成点 P5，如图 3-47 所示。

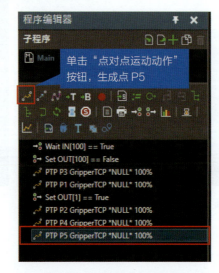

图 3-47　记录点 P5 位置

机器人到达物料放置位置后，须给定一个放置信号，机器人通过"设置二元输出动作"命令发送输出信号，如图 3-48 所示。

图 3-48　放置程序指令

单击"设置二元输出信号"按钮，在软件界面右侧出现"动作属性"面板，在"输出端口"文本框中输入机器人控制吸盘输出的端口号，取消勾选"输出值"复选框，如图 3-49 所示。

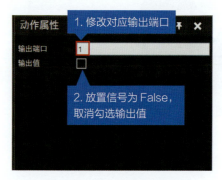

图 3-49　"动作属性"面板

单击并向上拖动机器人工具坐标 Z 轴到合适位置，单击"点对点运动动作"按钮，在同一位置上生成点 P6 和点 P7，如图 3-50 所示。

单击并拖动点动坐标系的蓝色平面（XOY 平面），使机器人离开机床工作范围，如图 3-52 所示。

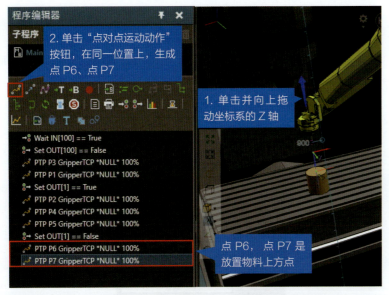

图 3-52 退出机床外

图 3-50 创建点 P6 和点 P7

单击拖动点 P7 到点 P5 前，点 P7 为切入点，点 P6 为切出点，如图 3-51 所示。

在左侧的"程序编辑器"面板内单击"点对点运动动作"按钮，完成点 P8 的创建，如图 3-53 所示。

图 3-51 插入接近点

图 3-53 记录点 P8 位置

项目 03　掌握机器人的仿真操作　047

单击 3D 视图区正上方仿真控制器内的"重置"按钮，使布局回到初始位置。单击"播放"按钮，检验已创建程序指令形成的路径，如图 3-54 所示。

在检验的过程中，若出现机器人手臂未完全退出、机床已关门加工的情况，可适当延长关门时间，如图 3-55 所示。

图 3-54 检验程序

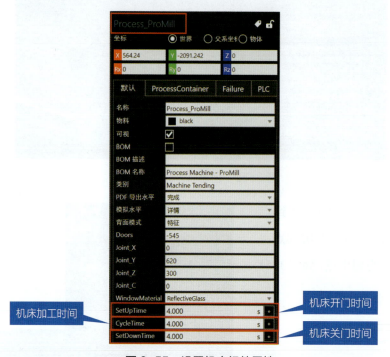

图 3-55 设置机床组件属性

任务 3.2
机器人使用夹具拾取、搬运物料的编程操作

一、场景概述

图 3-56 所示为机器人使用夹具拾取、搬运物料的加工场景。在场景中，机器人使用夹具夹取传送带上的物料，将其放至机床内进行加工。操作步骤与任务 3.1 相同，只需要将任务 3.1 中的真空吸盘换成夹爪工具即可。

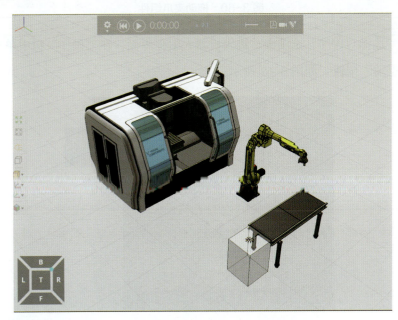

图 3-56　机器人使用夹具拾取、搬运物料场景

二、组件列表

机器人使用夹具拾取、搬运场景组件列表，见表 3-2。

表 3-2　机器人使用夹具拾取、搬运场景组件列表

组件名称	数量
ARC Mate_ 120iC/10L（机器人）	1 个
Jaw Gripper（夹爪工具）	1 个
Sensor Conveyors（带传感器的传送带）	1 个
Feeders（供料器）	1 个
Process-ProMill（机床）	1 台

三、场景搭建

在"电子目录"面板中双击"Robot Tools"文件夹，双击或单击并拖动"Jaw Gripper（夹爪）"组件到 3D 视图区，如图 3-57 所示。

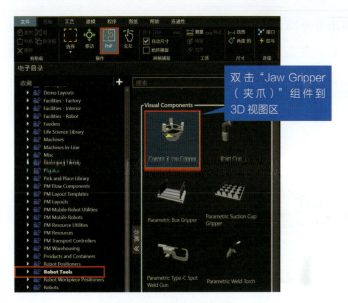

图 3-57　添加夹爪组件

在"PnP"状态下（使"开始"选项卡上"操作"组中的"PnP"按钮处于被选择状态），选择机器人"Jaw Gripper（夹爪）"组件，夹爪组件被选择后其周边出现蓝色圆环，如图3-58所示。

图3-58 选择夹爪组件

单击并拖动"Jaw Gripper（夹爪）"组件至机器人末端附近，两组件接近后，在夹爪组件和机器人末端会出现一个绿色箭头，如图3-59所示，表示两者属于可建立连接关系。

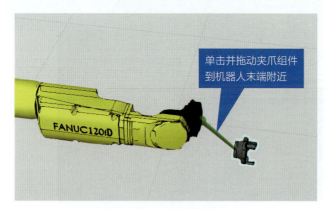

图3-59 添加夹爪组件

继续沿绿色箭头所指方向拖动夹爪组件，直至夹爪组件被吸附至机器人末端为止，此时松开鼠标，夹爪组件和机器人组件建立连接，如图3-60所示。

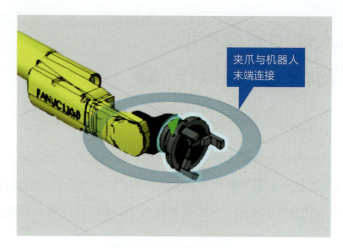

图3-60 拖动夹爪组件

选择"程序"选项卡，进入机器人编程界面，在"操作"组中单击"点动"按钮，如图3-61所示。

图3-61 单击"点动"按钮

在"工具"列表框中选择"Tool_TCP（工具坐标系）"选项，如图3-62所示。完成机器人末端坐标系位置的确定。工具坐标系为夹爪组件自带的坐标系，主要用于机器人在安装夹爪后定义路径坐标点。

选择机器人组件，软件右侧弹出机器人"组件属性"面板，如图3-63所示。

在"组件属性"面板中，展开"动作配置"选项，修改抓取物料的输出值，"对时"选择"抓取"，"使用工具"选择相对应的工具坐标，如图3-64所示。

图3-62　定义工具坐标系

图3-63　机器人"组件属性"面板

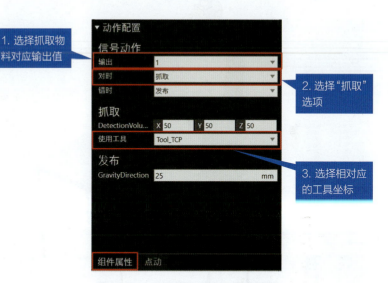

图3-64　设置信号对应工具坐标系

任务 3.3
机器人焊接轨迹的编程

一、场景概述

图 3-65 所示为机器人进行零件焊接场景。在场景中，机器人装上焊枪对放置于桌子上的圆柱形零件进行焊接。

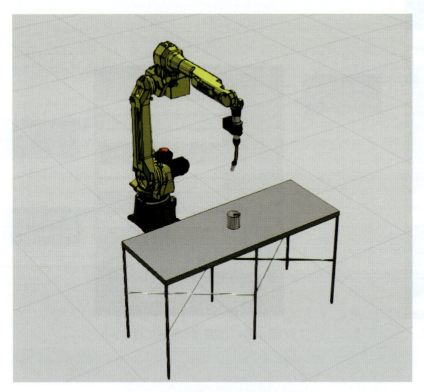

图 3-65　机器人进行零件焊接场景

二、组件列表

机器人焊接轨迹场景组件列表，见表 3-3。

表 3-3　机器人焊接轨迹场景组件列表

组件名称	数量
ARC Mate_ 120iC/10L（机器人）	1个
Welding Torch（焊枪）	1个
Table B（桌子 B）	1个
Part（零件）	1个

三、场景搭建

选择"电子目录"面板中"按类型的模型"选项，找到"Robots"文件夹，展开"Robots"文件夹，双击"Fanuc"机器人模型库，如图 3-66 所示。单击并拖动所需要的组件至 3D 视图区。

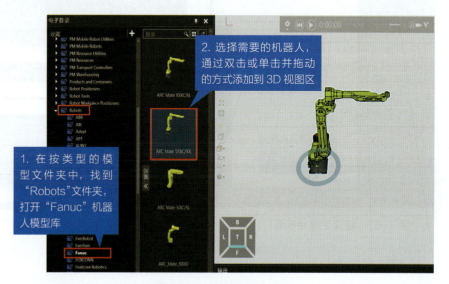

图 3-66　添加机器人组件

在"电子目录"面板中双击"Robot Tools"文件夹,双击或单击并拖动"Welding Torch(焊枪)"组件到 3D 视图区,如图 3-67 所示。

在"PnP"状态下(使"开始"选项卡上"操作"组中的"PnP"按钮处于被选择状态),选择机器人"Welding Torch(焊枪)"组件,焊枪组件被选择后其周边出现蓝色圆环,如图 3-68 所示。

单击并拖动"Welding Torch(焊枪)"组件至机器人末端附近,两组件接近后,在焊枪组件和机器人末端会出现一个绿色箭头,如图 3-69 所示,表示两者属于可建立连接关系。

继续沿绿色箭头所指方向拖动焊枪组件,直至焊枪组件被吸附至机器人末端为止,此时松开鼠标,焊枪组件和机器人组件建立连接,如图 3-70 所示。

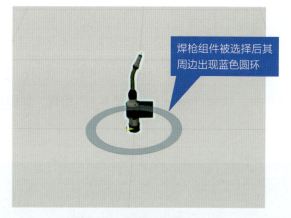

图 3-68 选择焊枪组件

图 3-69 触发"PnP"命令

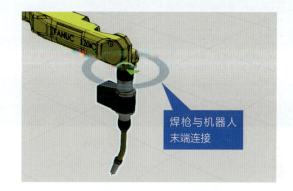

图 3-70 焊枪组件和机器人组件建立连接

图 3-67 添加焊枪组件

选择"电子目录"面板中"按类型的模型"选项,选择"Facillties-Interior"文件夹,找到"Table B(桌子 B)"组件,如图 3-71 所示。

单击并拖动"Table B(桌子 B)"组件至机器人前面,用来放置零件,如图 3-72 所示。

图 3-71 添加桌子组件

图 3-72 摆放桌子组件

选择"电子目录"面板中"按类型的模型"选项，选择"Products and Containers"文件夹，找到"Part（零件）"组件，如图3-73所示。单击并拖动"Part（零件）"组件到3D视图区。

将零件拖动到3D视图区中，其周边出现蓝色圆环，如图3-74所示。单击"开始"选项卡上"工具"组中的"捕捉"按钮，如图3-75所示。

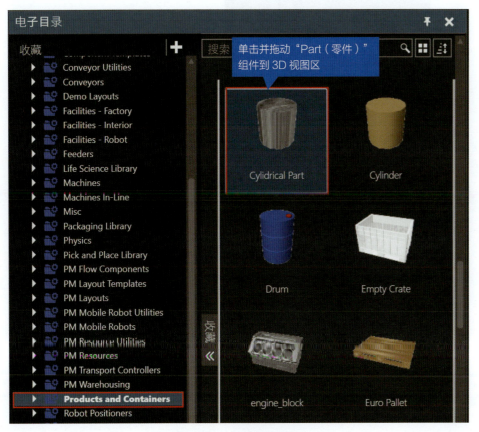

图3-73 添加零件组件

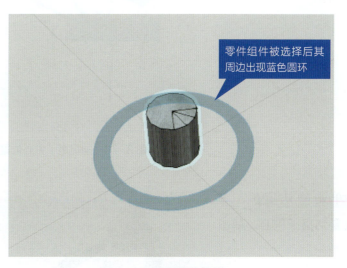

图3-74 选择零件组件

图3-75 "捕捉"按钮

将光标移至桌子上表面，可自动识别平面中心位置，中心以"×"标识。将光标靠近标识，光标会自动吸附至中心，如图3-76所示。

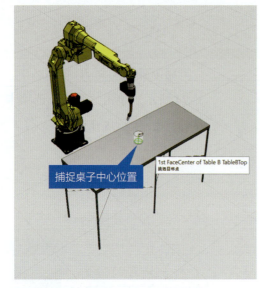

图3-76 捕捉桌子中心位置

单击确认定位，零件放置到桌子中心，如图3-77所示。

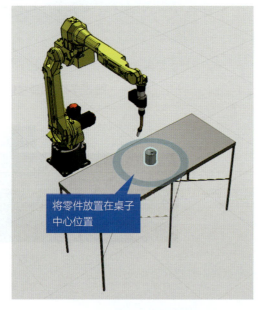

图3-77 零件放置在桌子上

选择"程序"选项卡，如图3-78所示。

选择需要编程的机器人后，左侧显示程序指令，如图3-79所示。

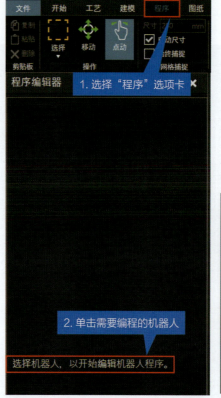

图3-78 "程序"选项卡　　图3-79 "程序编辑器"面板

在"工具"列表框中选择"TCP（工具坐标系）"选项，如图3-80所示。完成机器人末端坐标系位置的确定。

在程序编辑器中单击"路径动作"按钮，如图3-81所示。

选择零件上表面外径，路径轨迹箭头向下，如图 3-82 所示。

图 3-82　路径轨迹箭头向下

在右侧"动作参数"面板中，选择机器人当前对应的工具坐标，然后单击"生成"按钮，如图 3-83 所示。

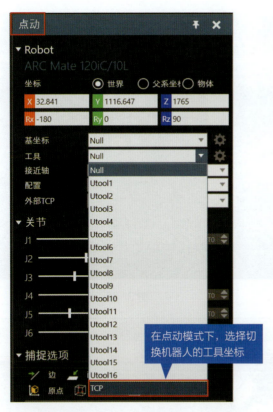

图 3-80　定义工具坐标系

图 3-81　"路径动作"按钮

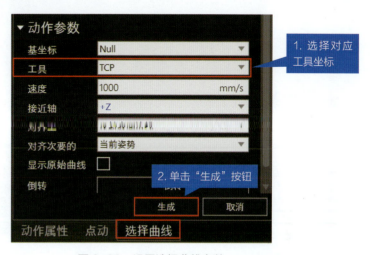

图 3-83　设置选择曲线参数

程序编辑器中生成点 P1~P13 的轨迹路径点，如图 3-84 所示。

在机器人的初始位置处于安全的姿态下，在程序编辑器中单击"点对点运动动作"按钮，生成点 P1，如图 3-85 所示。

单击 3D 视图区正上方仿真控制器内的"重置"按钮，使布局回到初始位置。单击"播放"按钮，检验已创建程序指令形成的路径，如图 3-86 所示。

图 3-84　路径生成

图 3-85　创建点 P1 路径

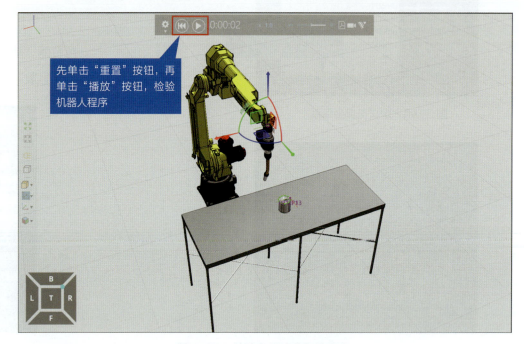

图 3-86　检验已创建路径的程序

任务 3.4
设置机器人的碰撞监控

单击"程序"选项卡上"碰撞检测"组中的"编辑探测器"按钮,如图 3-87 所示。

软件界面右侧弹出"碰撞探测器"面板,单击"选择 vs 世界"按钮,也可根据自行定义添加碰撞探测器,如图 3-88 所示。

在"碰撞检测"组中可以自行勾选"启用探测器"复选框和"碰撞时停止"复选框,如图 3-89 所示。

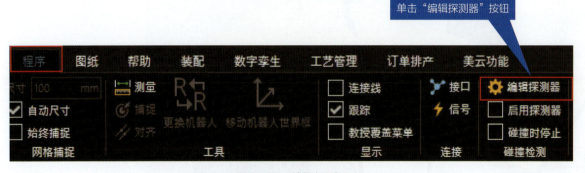

图 3-87 编辑探测器

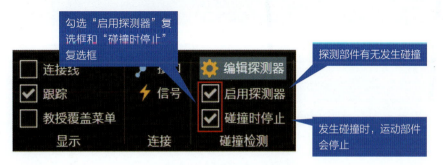

图 3-89 "碰撞检测"组设置

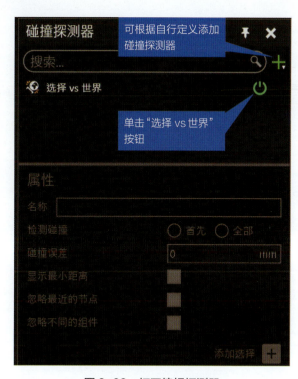

图 3-88 打开编辑探测器

在检验已创建程序指令形成的路径过程中,机器人与其他组件发生碰撞时,碰撞部件会以黄色高亮显示,如图 3-90 所示。

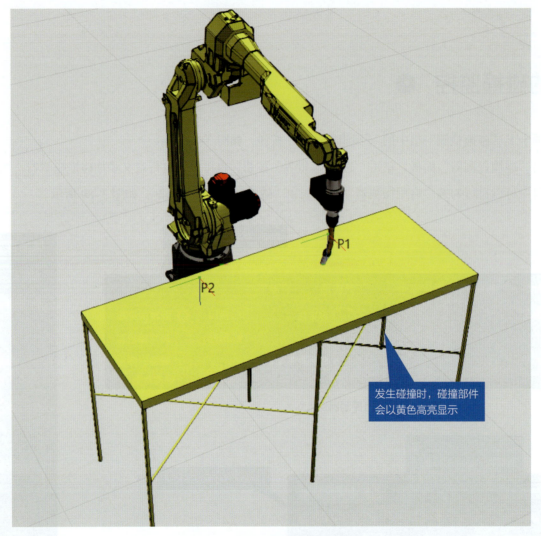

图 3-90　组件之间发生碰撞的现象

项目 04

设备与机器人的互动操作

任务 4.1　设备入口来料的设定
任务 4.2　设备出口的出料设定
任务 4.3　机器人在设备之间搬运工件的操作
任务 4.4　工作人员参与生产的仿真操作

在进行设备与机器人的互动操作之前,需要在电子目录下找到"Version 4.1(legacy)"模型库,如图 4-1 所示。

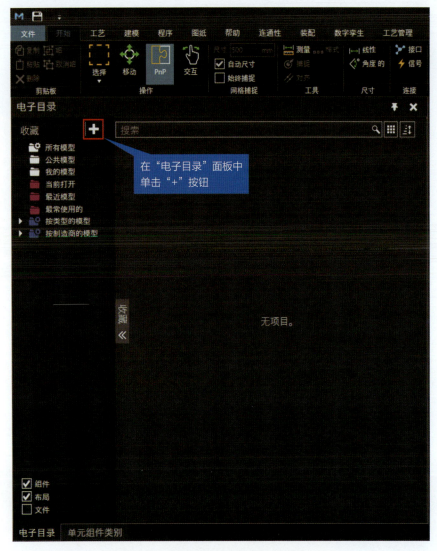

图 4-1 在电子目录下添加新的目录

在"编辑来源"命令中添加组件,如图 4-2 所示。

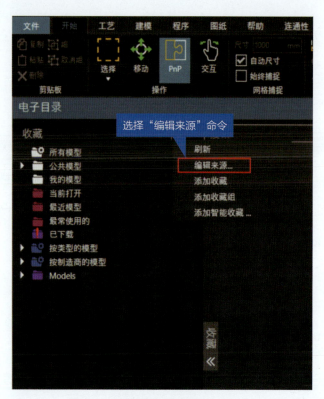

图 4-2 选择"编辑来源"命令

勾选"Version 4.1（legacy）"组件复选框（扫码回复"美擎模型库"，获取下载模型链接）。下载完成后单击"添加新来源"按钮，找到模型库存储路径，然后勾选，如图4-3所示。

添加完后会在"电子目录"面板中显示"Version 4.1（legacy）"，如图4-4所示。

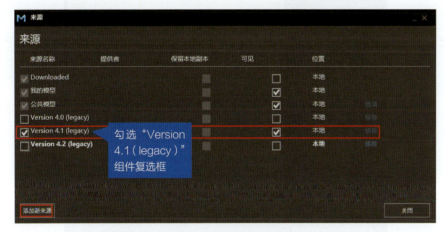

图4-3　Version4.1（legacy）组件复选框

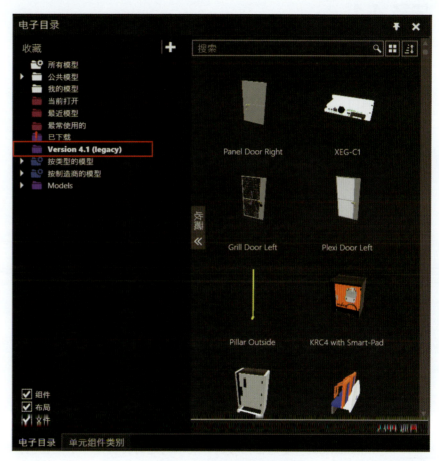

图4-4　"电子目录"面板

任务 4.1
设备入口来料的设定

1. 进料口

进料口（MachineTending Inlet）会使在路径上运动的物料到此处暂停，然后向管理器请求一种设备（机器人或拟人组件）来移动该物料到进程中的下一步。进料口可以连接到另一路径的出口端或同一路径上相隔一段距离的过程点传感器上，如图 4-5 所示。

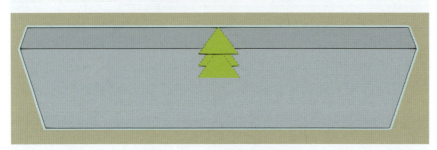

图 4-5 "MachineTending Inlet（进料口）"组件

进料口组件的主要属性，如图 4-6 所示。

- "BundleMode"复选框：勾选时表示到达的物料是一个集合包，有两个或多个组件附属到其他组件上，比如一堆零件。
- "BundleWithPallet"复选框：勾选时表示如果到达的物料在托盘上，那么管理器将指挥设备从托盘上卸载物料。
- "ResourceLocationDistance"和"ResourceLocationAngle"文本框定义拟人组件（操作人员）从进料口处接取物料时的站立位置。
- "TriggerComponentArrivalAt"列表框：基于物料的几何结构或原点，定义进料口何时暂停一个到达的物料。也就是说，用户可以定义物料触发进料口传感器的方式。
- "ProcessIndex"文本框：定义进料口在整个进程中的顺序。一般情况下，进料口是一个进程的开始点，它的默认序号是 0。

图 4-6 进料口组件属性

- "WriteProductID"列表框：定义进料口通过一系列的动态属性更改到达物料或托盘的产品 ID。
- "PassThruRouting"选项：该属性中的部分设置是用来定义到达物料的发送路线。

2. 供料器

在"项目预览区"中找到供料器"基本馈线（供料器）"组件并将其拖入 3D 视图区。在供料器"组件属性"面板中的"背面模式"列表中选择"开启"选项，以改善其视觉效果。此时在 3D 视图区中可以看到，供料器组件顶面有一个方向向外的黄色三角箭头，表明它有一个输出接口，如图 4-7 所示。

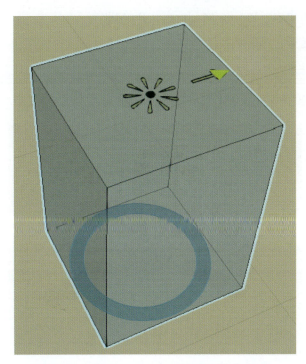

图 4-7 "Basic Feeder（供料器）"组件

任务 4.2
设备出口的出料设定

出料口（MachineTending Outlet）是运送已加工物料或等待已加工物料托盘的位置。出料口可以连接到另一路径的入口端或同一路径上相隔一段距离的过程点传感器上。出料口组件如图 4-8 所示。

图 4-8 "MachineTending Outlet（出料口）"组件

出料口组件的主要属性，如图 4-9 所示。

- "ProcessIndex"文本框：与进料口类似，定义出料口在整个进程中的顺序。一般情况下，出料口是一个进程的结束点，因此它的默认序号是 99999。
- "ResourceLocationDistance"文本框：与进料口类似，定义拟人组件到出料口处放置物料时的站立位置。
- "WorkPart_OffsetX"文本框：定义由设备放置的物料在出料口路径上沿 X 轴方向的偏移。
- "ApproachFrameOffsetZ"和"ApproachFrameOffsetX"文本框：定义将物料放置到出料口处的接近距离，这一距离主要由机器人

图 4-9 出料口组件属性

使用，即应在机器人的工作区域之内。

- "ProductID_filter"文本框：通过 ProdID 属性筛选何种物料可被放置在出料口处。例如，如果一个组件的 ProdID 属性值没有被列入某个出料口的"ProductID_filter"文本框里，那么这个组件将不会被放置在该出料口处。
- "AutomaticParametersEnabled"复选框：如果出料口检测到某条路径满足连接的条件，就定义该路径为输送组件离开出料口的输出路径。
- "TestConnectedCapacity"复选框：用来控制出料口路径的一组属性。

任务 4.3
机器人在设备之间搬运工件的操作

场景布局如图 4-10 所示。

- 机器人：ARC Mate 120iC/10L
- 机器人管理器：MachineTending Robot Manager V4
- 输入端：MachineTending Inlet
- 输出端：MachineTending Outlet
- 加工中心：Process Machine – ProMill
- 传送带：Conveyor
- 供料器：Basic Feeder
- 夹爪：Generic 3-Jaw Gripper

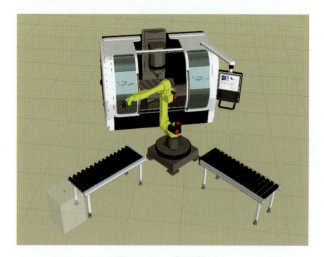

图 4-10 布局图

单击"Version4.1（legacy）"文件夹，在搜索栏中输入"ARC Mate 120iC/10L"，找到"ARC Mate 120iC/10L（机器人）"组件，如图4-11所示。

拖动机器人组件至3D视图区，如图4-12所示。

单击"Version4.1（legacy）"文件夹，在搜索栏中输入"manager V4"，找到机器人管理器组件，如图4-13所示。

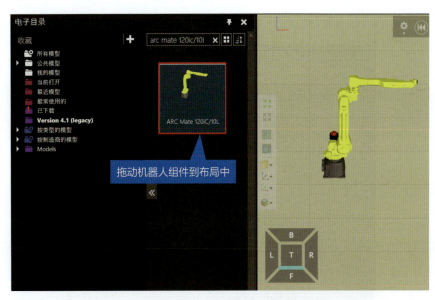

图4-12　导入机器人组件

图4-11　搜索机器人组件

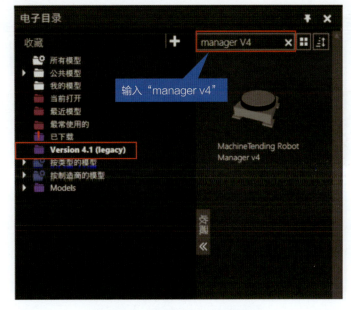

图4-13　搜索机器人管理器组件

拖动机器人管理器组件至 3D 视图区，如图 4-14 所示。

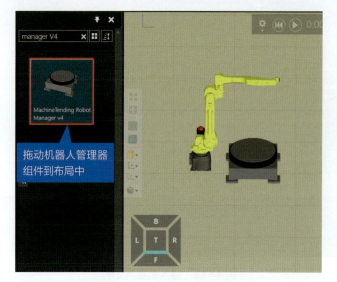

图 4-14　导入机器人管理器组件

在命令功能区中单击"PnP"按钮，如图 4-15 所示。

图 4-15　选择 PnP 模式

拖动机器人组件至机器人管理器组件附近，如图 4-16 所示。将机器人组件与机器人管理器组件连接，如图 4-17 所示。

图 4-16　拖动机器人组件至机器人管理器组件附近

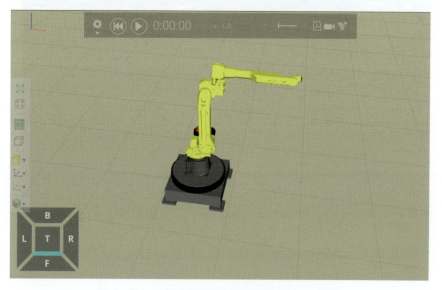

图 4-17　机器人组件与机器人管理器组件连接

单击"Version4.1（legacy）"文件夹，在搜索栏中输入"Gripper"，找到"Generic 3-Jaw Gripper（夹爪）"组件，如图4-18所示。

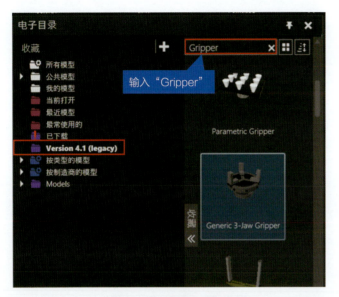

图4-18 搜索夹爪组件

拖动夹爪组件至3D视图区，如图4-19所示。

图4-19 导入夹爪组件

在命令功能区中单击"PnP"按钮，如图4-20所示。

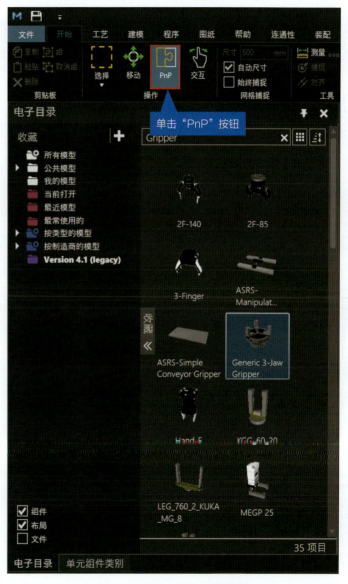

图4-20 单击"PnP"按钮

拖动夹爪组件至机器人组件附近，如图 4-21 所示。将夹爪组件与机器人组件连接，如图 4-22 所示。

单击"Version4.1（legacy）"文件夹，在搜索栏中输入"ProMill"，找到"Process Machine-ProMill（加工中心）"组件，如图 4-23 所示。

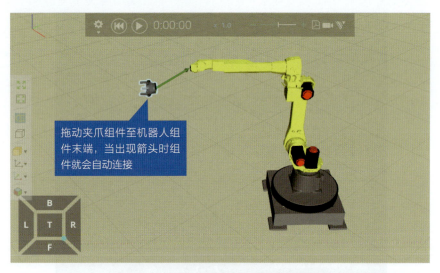

图 4-21　拖动夹爪组件至机器人组件附近

图 4-23　搜索加工中心组件

拖动加工中心组件至 3D 视图区，如图 4-24 所示。

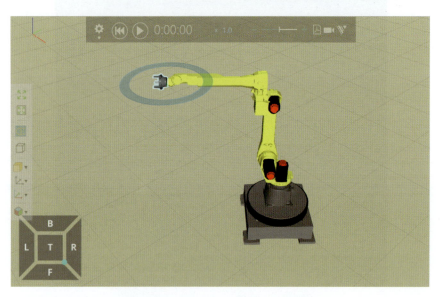

图 4-22　夹爪组件与机器人组件连接

图 4-24　导入加工中心组件

单击"Version4.1（legacy）"文件夹，在搜索栏中输入"conveyor"，找到"Conveyor（传送带）"组件，如图4-25所示。

图4-25 搜索传送带组件

拖动传送带组件至3D视图区，如图4-26所示。

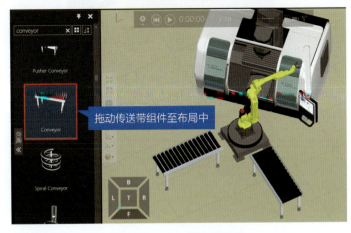

图4-26 导入传送带组件

导入传送带组件时注意传送带组件箭头的方向，如图4-27和图4-28所示。

图4-27 第一条传送带的方向

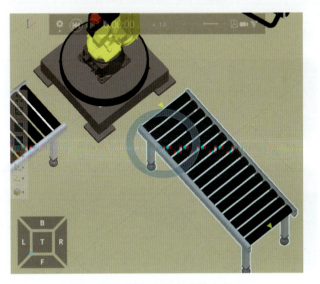

图4-28 第二条传送带的方向

单击"Version4.1（legacy）"文件夹，在搜索栏中输入"inlet"，找到"MachineTending Inlet（输入端）"组件，如图4-29所示。

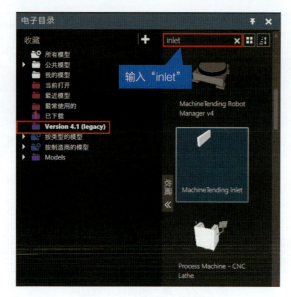

图4-29 搜索输入端组件

拖动输入端组件至3D视图区，如图4-30所示。

图4-30 导入输入端组件

在命令功能区中单击"PnP"按钮，如图4-31所示。将输入端组件与传送带组件连接，如图4-32所示。

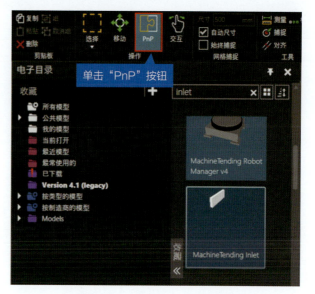

图4-31 单击"PnP"按钮

图4-32 输入端组件与传送带组件连接

单击"Version4.1（legacy）"文件夹，在搜索栏中输入"outlet"，找到"MachineTending Outlet（输出端）"组件，如图4-33所示。

在命令功能区中单击"PnP"按钮，如图4-35所示。

图4-33　搜索输出端组件

拖动输出端组件至3D视图区，如图4-34所示。

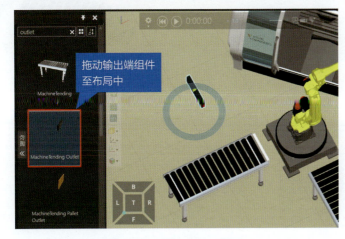

图4-34　导入输出端组件

图4-35　单击"PnP"按钮

项目04　设备与机器人的互动操作　073

将输出端组件与传送带组件连接，如图4-36所示。

单击"Version4.1（legacy）"文件夹，在搜索栏中输入"feeder"，找到"Basic Feeder（供料器）"组件，如图4-37所示。

拖动供料器组件至3D视图区，如图4-38所示。

图4-37 搜索供料器组件

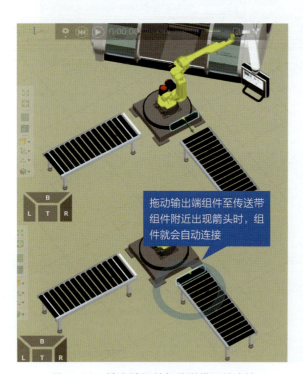

图4-36 输出端组件与传送带组件连接

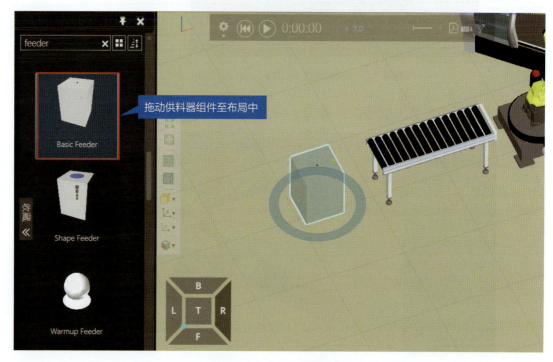

图4-38 导入供料器组件

在命令功能区中单击"PnP"按钮,如图 4-39 所示。

图 4-39 选择"PnP"模式

将供料器组件与传送带组件连接,如图 4-40 所示。

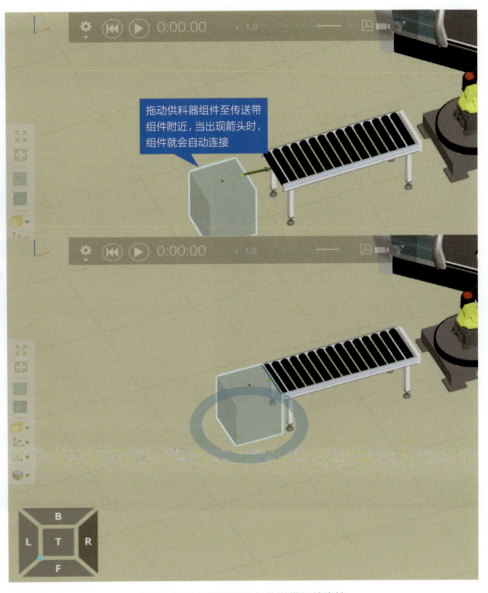

图 4-40 供料器组件与传送带组件连接

拖动组件至合适位置，完成布局，如图 4-41 所示。

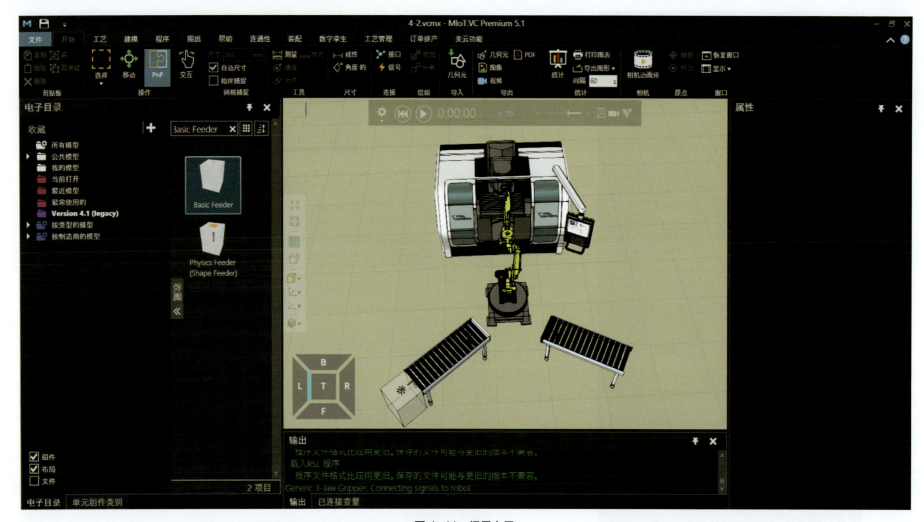

图 4-41 场景布局

机器人管理器可以通过抽象接口远程连接到进程中各个阶段的设备上,从而控制加工过程自动运行。

在3D视图区选择机器人管理器组件,单击"接口"按钮,如图4-42所示。

接口信号连接,如图4-43所示。

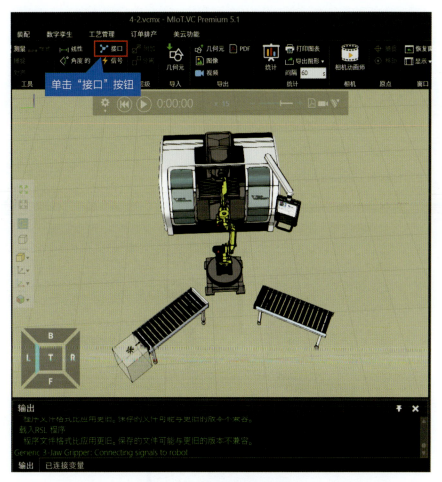

图4-42 单击"接口"按钮

图4-43 信号连接

单击"播放"按钮开始仿真，如图 4-44 所示。

图 4-44　仿真播放

仿真效果如图 4-45 所示。

图 4-45　仿真场景

任务 4.4
工作人员参与生产的仿真操作

场景布局如图 4-46 所示。

- 供料器：Basic Feeder
- 传送带：Conveyor
- 管理器：MachineTending Resource Manager
- 输入端：MachineTending Inlet
- 输出端：MachineTending Outlet
- 机床：VMP-32A
- 地板：MachineTending Pathway
- 人：Anna

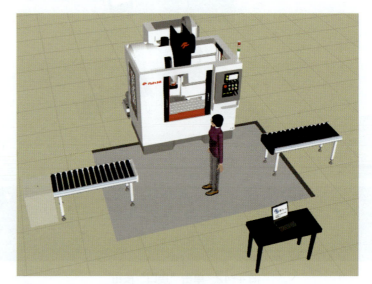

图 4-46　场景布局

单击"Version4.1（legacy）"文件夹，在搜索栏中输入"pathway"，找到"MachineTending Pathway（地板）"组件，如图4-47所示。

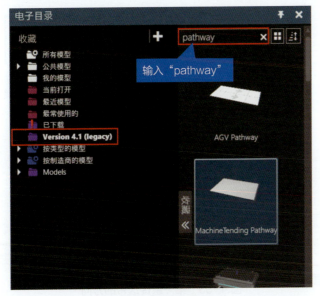

图4-47 搜索地板组件

拖动地板组件至3D视图区，如图4-48所示。

图4-48 导入地板组件

单击"Version4.1（legacy）"文件夹，在搜索栏中输入"32A"，找到"VMP-32A（机床）"组件，如图4-49所示。

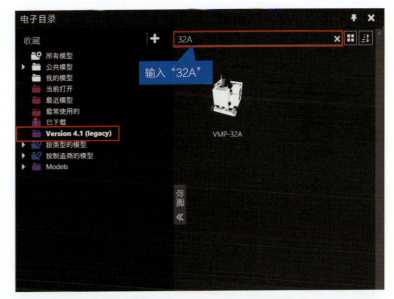

图4-49 搜索机床组件

拖动机床组件至3D视图区，如图4-50所示。

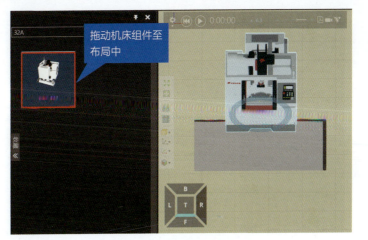

图4-50 导入机床组件

单击"Version4.1（legacy）"文件夹，在搜索栏中输入"conveyor"，找到"Conveyor（传送带）"组件，如图4-51所示。

图4-51 搜索传送带组件

拖动传送带组件至3D视图区，如图4-52所示。

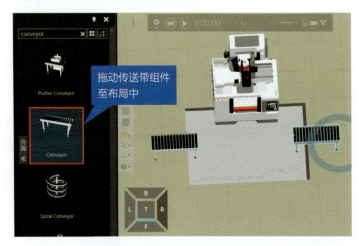

图4-52 导入传送带组件

导入传送带组件时注意传送带组件箭头的方向，如图4-53和图4-54所示。

图4-53 第一条传送带的方向

图4-54 第二条传送带的方向

单击"Version4.1（legacy）"文件夹，在搜索栏中输入"manager"，找到"MachineTending Resource Manager（管理器）"组件，如图4-55所示。

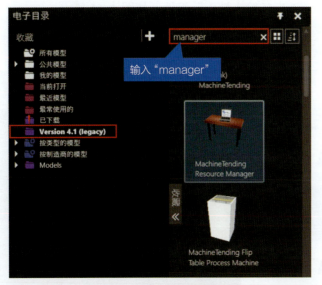

图4-55 搜索管理器组件

拖动管理器组件至3D视图区，如图4-56所示。

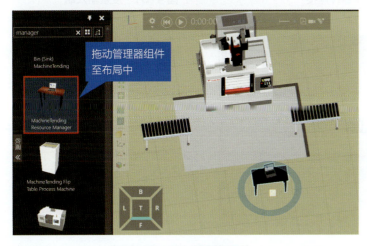

图4-56 导入管理器组件

单击"Version4.1（legacy）"文件夹，在搜索栏中输入"feeder"，找到"Basic Feeder（供料器）"组件，如图4-57所示。

图4-57 搜索供料器组件

拖动供料器组件至3D视图区，如图4-58所示。

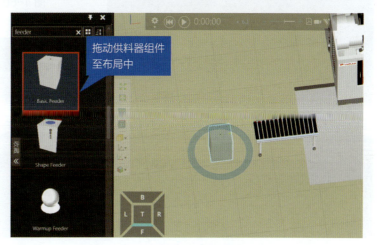

图4-58 导入供料器组件

在命令功能区中单击"PnP"按钮,如图4-59所示。

将供料器组件与传送带组件连接,如图4-60所示。

单击"Version4.1(legacy)"文件夹,在搜索栏中输入"inlet",找到"MachineTending Inlet(输入端)"组件,如图4-61所示。

拖动输入端组件至3D视图区,如图4-62所示。

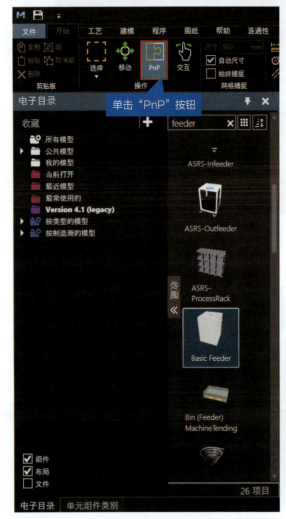

图4-59 选择"PnP"模式

图4-60 供料器组件与传送带组件连接

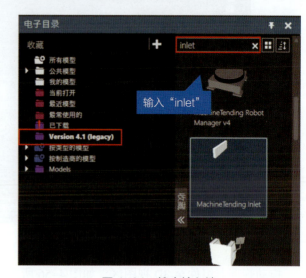

图4-61 搜索输入端

图4-62 导入输入端组件

在命令功能区中单击"PnP"按钮，如图4-63所示。

图4-63 选择"PnP"模式

将输入端组件与传送带组件连接，如图4-64所示。

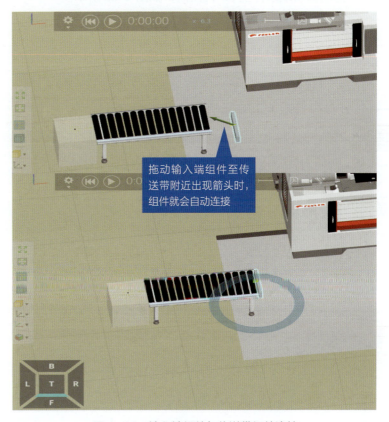

图4-64 输入端组件与传送带组件连接

单击"Version4.1（legacy）"文件夹，在搜索栏中输入"outlet"，找到"MachineTending Outlet（输出端）"组件，如图 4-65 所示。

拖动输出端组件至 3D 视图区，如图 4-66 所示。

在命令功能区中单击"PnP"按钮，如图 4-67 所示。

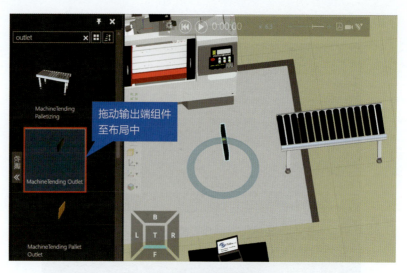

图 4-66 导入输出端组件

图 4-65 搜索输出端

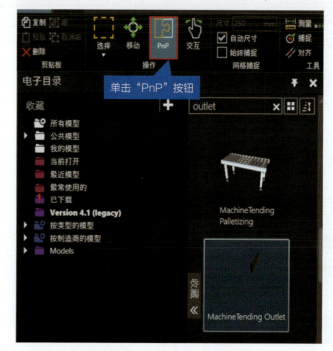

图 4-67 选择"PnP"模式

将输出端组件与传送带组件连接，如图 4-68 所示。

单击"Version4.1（legacy）"文件夹，在搜索栏中输入"anna"，找到"Anna（人）"组件，如图 4-69 所示。

拖动人组件至 3D 视图区，如图 4-70 所示。

图 4-69　搜索人组件

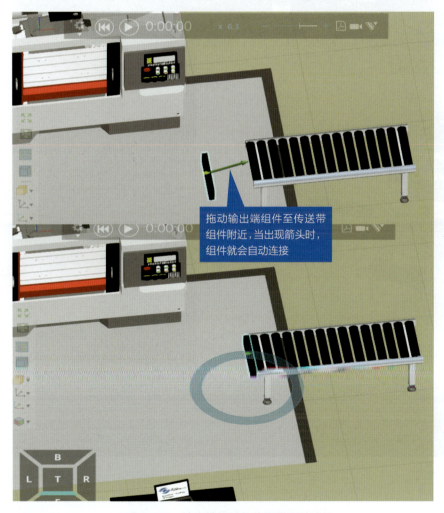

图 4-68　输出端组件与传送带组件连接

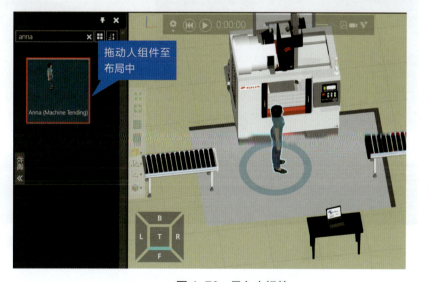

图 4-70　导入人组件

拖动组件至合适位置,完成布局,如图 4-71 所示。

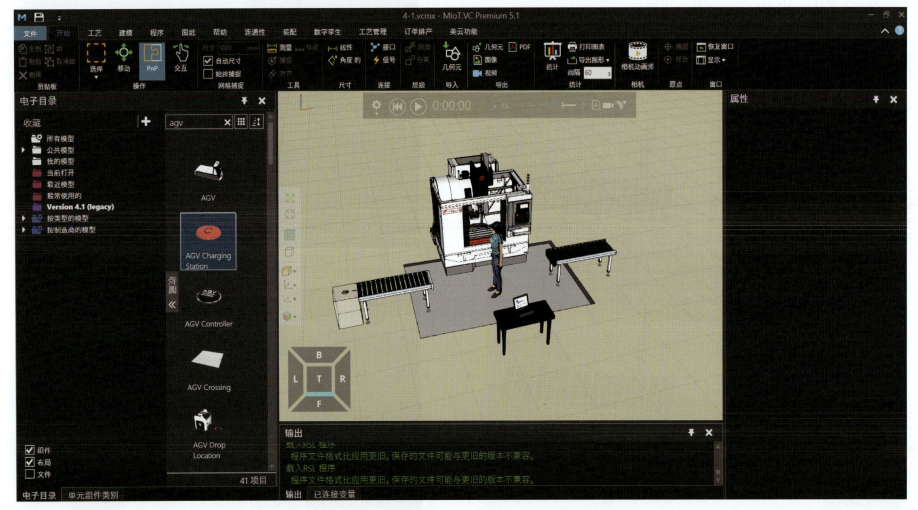

图 4-71　布局图

机器人管理器可以通过抽象接口远程连接到进程中各个阶段的设备上，从而控制加工过程自动运行。

在 3D 视图区选择机器人管理器组件，然后单击"接口"按钮，如图 4-72 所示。

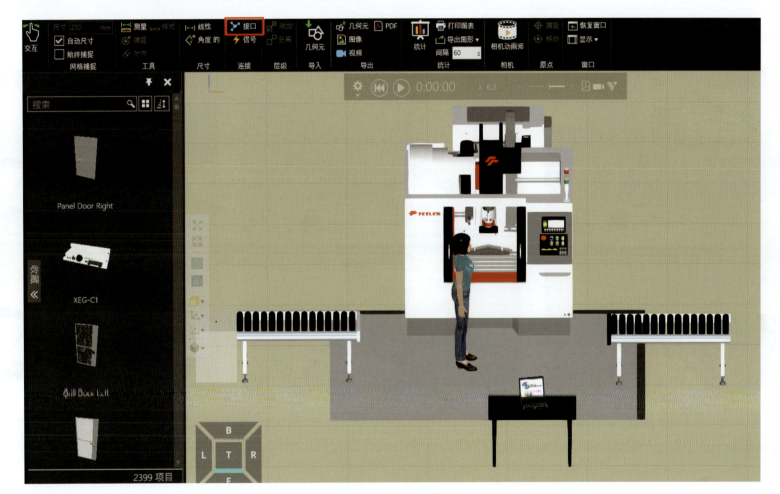

图 4-72　接口连接

接口信号连接与仿真，如图 4-73~图 4-75 所示。

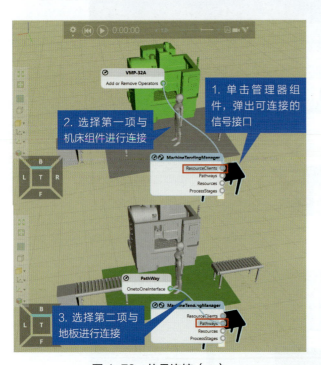

图 4-73 信号连接（一）

图 4-74 信号连接（二）

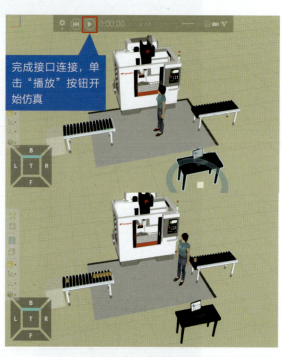

图 4-75 场景仿真

项目 05

运用 AGV 来运送工件

任务 5.1　为 AGV 小车规划运行路线
任务 5.2　一个 AGV 小车装载与卸料的简单仿真操作
任务 5.3　设置 AGV 小车的装载计数与堆垛高度
任务 5.4　为 AGV 小车充电

任务 5.1
为 AGV 小车规划运行路线

场景布局如图 5-1 所示。

- 直线路径：AGV Pathway
- 转角路径：AGV Crossing

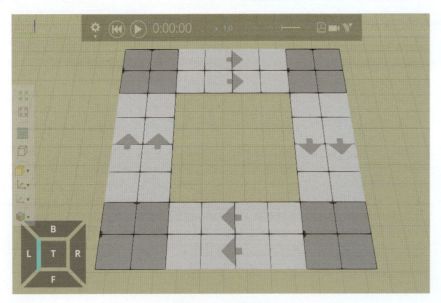

图 5-1　场景布局

单击"Version4.1（legacy）"文件夹，在搜索栏中输入"agv"，找到"AGV Crossing（转角路径）"组件，如图 5-2 所示。

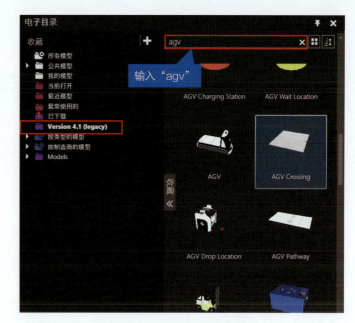

图 5-2　搜索转角路径组件

拖动转角路径组件至 3D 视图区，如图 5-3 所示。

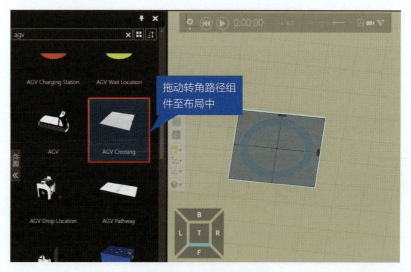

图 5-3　导入转角路径组件

单击"Version4.1（legacy）"文件夹，在搜索栏中输入"agv"，找到"AGV Pathway（直线路径）"组件，如图5-4所示。

图5-4 搜索直线路径组件

拖动直线路径组件至3D视图区，如图5-5所示。

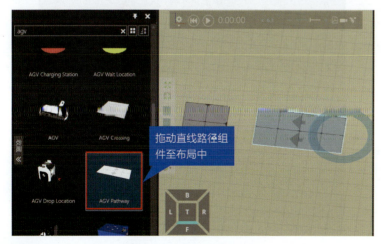

图5-5 导入直线路径组件

在命令功能区中单击"PnP"按钮，如图5-6所示。

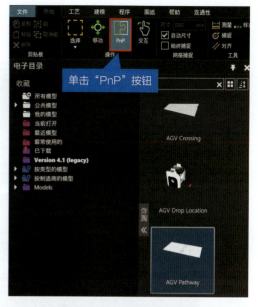

图5-6 选择"PnP"模式

将转角路径组件与直线路径组件连接，如图5-7所示。

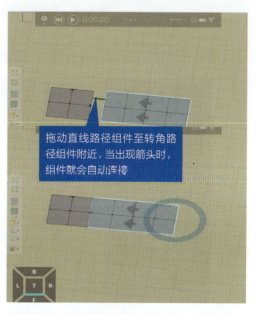

图5-7 转角路径组件与直线路径组件连接

单击"Version4.1（legacy）"文件夹，在搜索栏中输入"agv"，找到"AGV Pathway（直线路径）"组件，如图5-8所示。

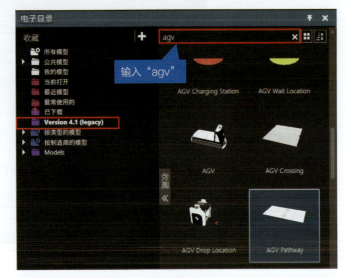

图5-8 搜索直线路径组件

拖动直线路径组件至3D视图区，如图5-9所示。

图5-9 导入直线路径组件

在命令功能区中单击"PnP"按钮，如图5-10所示。

图5-10 选择"PnP"模式

将转角路径组件与直线路径组件连接，如图 5-11 所示。

按照前面所学的知识，完成布局，如图 5-12 所示。（注意直线路径箭头的方向。）

图 5-11 转角路径组件与直线路径组件连接

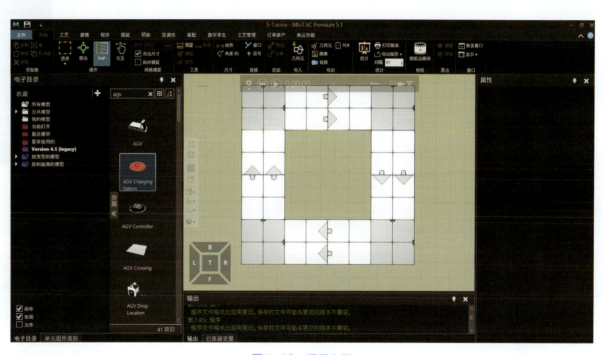

图 5-12 场景布局

任务 5.2

一个 AGV 小车装载与卸料的简单仿真操作

场景布局如图 5-13 所示。

- 直线路径：AGV Pathway
- 转角路径：AGV Crossing
- 智能小车：AGV
- 输出端：AGV Pick Location
- 接收端：AGV Drop Location
- 供料器：Basic Feeder
- 任务管理器：AGV Controller

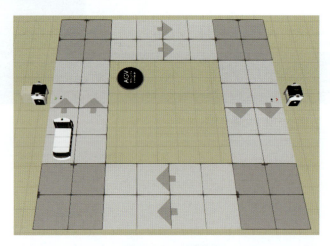

图 5-13 场景布局

单击"Version4.1（legacy）"文件夹，在搜索栏中输入"agv"，找到"AGV（智能小车）"组件，如图 5-14 所示。

图 5-14 搜索智能小车组件

拖动智能小车组件至 3D 视图区，如图 5-15 所示。

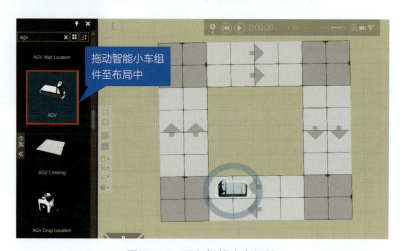

图 5-15 导入智能小车组件

单击"Version4.1（legacy）"文件夹，在搜索栏中输入"agv"，找到"AGV Pick Location（输出端）"组件，如图5-16所示。

图5-16 搜索输出端组件

单击"Version4.1（legacy）"文件夹，在搜索栏中输入"agv"，找到"AGV Drop Location（接收端）"组件，如图5-18所示。

图5-18 搜索接收端组件

拖动输出端组件至3D视图区，如图5-17所示。

图5-17 导入输出端组件

拖动接收端组件至3D视图区，如图5-19所示。

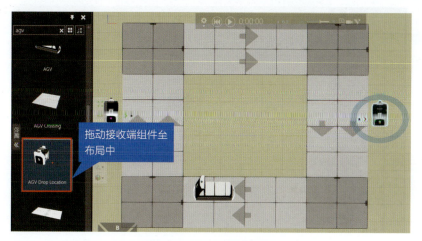

图5-19 导入接收端组件

单击"Version4.1（legacy）"文件夹，在搜索栏中输入"agv"，找到"AGV Controller（任务管理器）"组件，如图5-20所示。

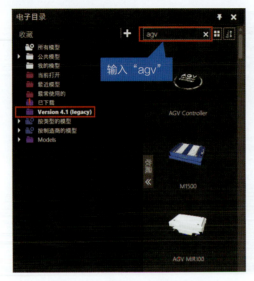

图5-20　搜索任务管理器组件

拖动任务管理器组件至3D视图区，如图5-21所示。

图5-21　导入任务管理器组件

单击"Version4.1（legacy）"文件夹，在搜索栏中输入"feeder"，找到"Basic Feeder（供料器）"组件，如图5-22所示。

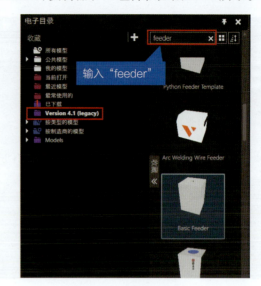

图5-22　搜索供料器组件

拖动供料器组件至3D视图区，如图5-23所示。

图5-23　导入供料器组件

在命令功能区中单击"PnP"按钮,如图 5-24 所示。

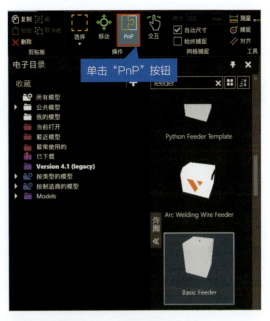

图 5-24 选择"PnP"模式

将供料器组件与输出端组件连接,如图 5-25 所示。

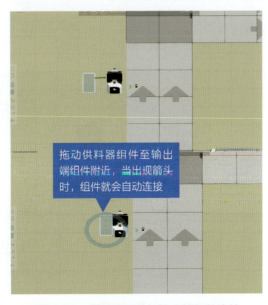

图 5-25 供料器组件与输出端组件连接

场景布局如图 5-26 所示。

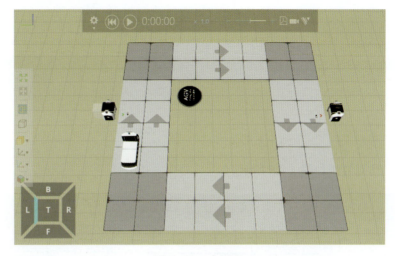

图 5-26 布局图

单击"播放"按钮,开始仿真,如图 5-27 所示。

图 5-27 开始仿真

项目 05 运用 AGV 来运送工件 097

仿真效果如图 5-28 所示。

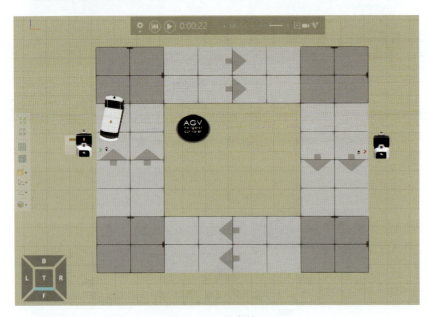

图 5-28 仿真效果

任务 5.3
设置 AGV 小车的装载计数与堆垛高度

场景布局如图 5-29 所示。

- 直线路径：AGV Pathway
- 转角路径：AGV Crossing
- 智能小车：AGV
- 输出端：AGV Pick Location
- 接收端：AGV Drop Location
- 供料器：Basic Feeder
- 任务管理器：AGV Controller

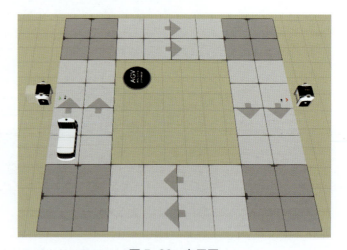

图 5-29 布局图

选择"AGV Pick Location（输出端）"组件，在"组件属性"面板中将"AGV_PickCount"设置为"3"，代表装载三个零件，如图5-30和图5-31所示。

图 5-30　选择输出端组件

选择"AGV（智能小车）"组件，在"组件属性"面板中将"StackStep"设置为"200"，这是设定堆垛的高度，如图5-32和图5-33所示。

图 5-32　AGV 小车组件

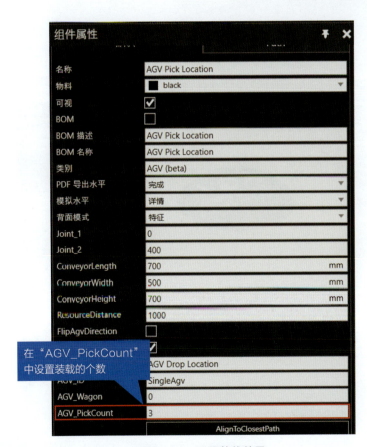

图 5-31　设置装载数量

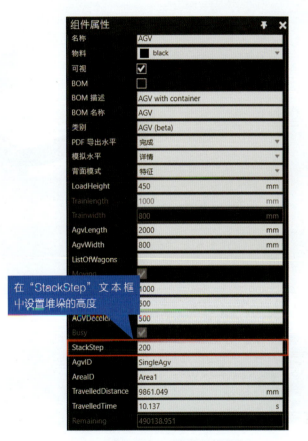

图 5-33　设置堆垛的高度

此时进行布局模拟，验证模拟效果，如图 5-34 所示，完成后重置模拟。

图 5-34　车厢运载

任务 5.4
为 AGV 小车充电

场景布局如图 5-35 所示。

- 直线路径：AGV Pathway
- 转角路径：AGV Crossing
- 智能小车：AGV
- 输出端：AGV Pick Location
- 接收端：AGV Drop Location
- 供料器：Basic Feeder
- 任务管理器：AGV Controller
- 充电站：AGV Charging Station

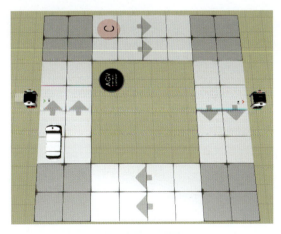

图 5-35　布局图

单击"Version4.1（legacy）"文件夹，在搜索栏中输入"agv"，找到"AGV Charging Station（充电站）"组件，如图 5-36 所示。

图 5-36　搜索充电站组件

拖动充电站组件至 3D 视图区，如图 5-37 所示。

图 5-37　导入充电站组件

项目 05　运用 AGV 来运送工件　101

选择充电站组件,在"组件属性"面板中复制组件的名称,如图5-38所示。

图5-38　复制充电站组件的名称

选择智能小车组件,在"组件属性"面板中单击"ReCharge"按钮,并在"Stations"文本框中粘贴充电站组件的名称,如图5-39所示。

图5-39　粘贴充电站组件的名称

此时进行布局模拟,验证模拟效果,如图5-40所示,完成后重置模拟。

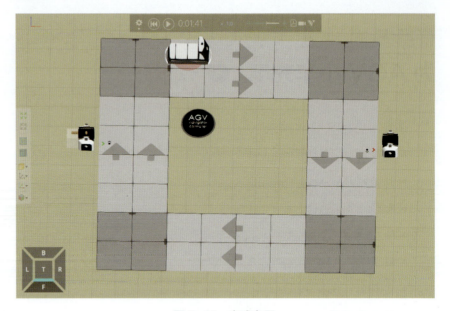

图5-40　完成布局

项目 06

将成果制作成工程图

任务 6.1　从虚拟仿真场景转换成工程图
任务 6.2　将工程图标注尺寸与注释
任务 6.3　将工程图导出并打印成图纸

工程图是布局项目（即非组件的可见对象）的一种类型，可以将 3D 视图区的布局按比例生成二维图形。图纸包含一个二维绘图模板，称为绘图空间，支持视图的平移、缩放、填充和居中。

任务 6.1
从虚拟仿真场景转换成工程图

一、创建虚拟仿真布局

操作步骤如图 6-1~ 图 6-5 所示。

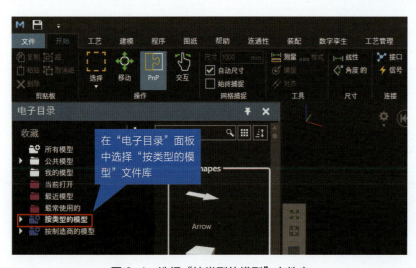

图 6-1 选择"按类型的模型"文件库

图 6-2 添加传送带组件

图 6-3 添加往复式皮带传送机组件

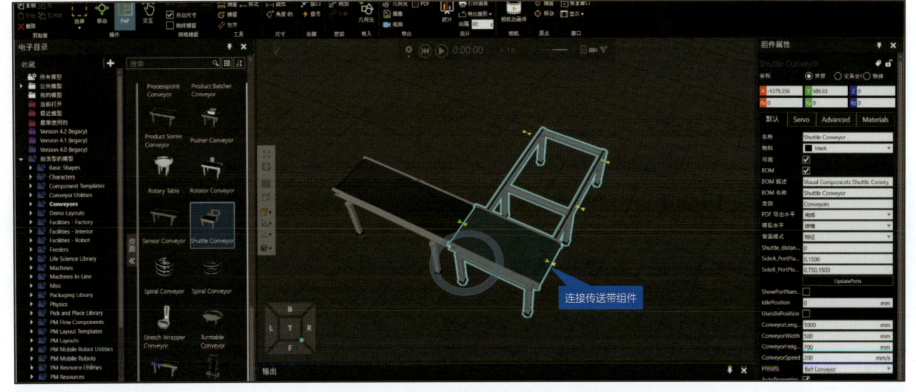

图 6-4　连接传送带组件

项目 06　将成果制作成工程图

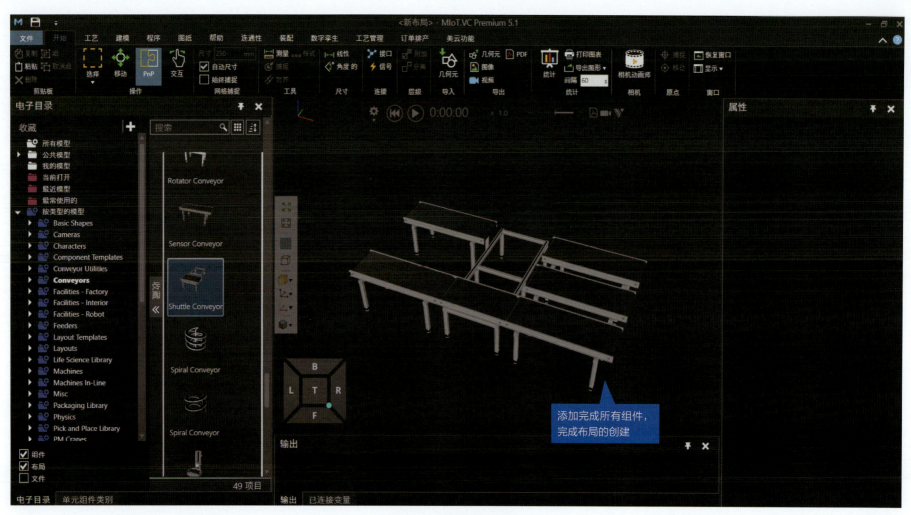

图 6-5　完成布局的创建

二、使用图纸模板

操作步骤如图 6-6~ 图 6-15 所示。

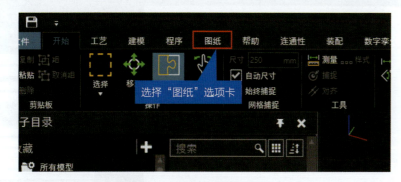

图 6-6　选择"图纸"选项卡

图 6-8　选择图纸模板

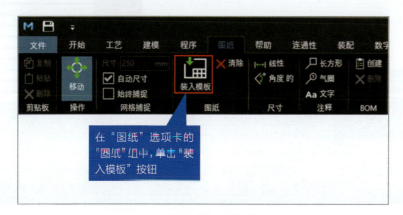

图 6-7　单击"装入模板"按钮

图 6-9　导入图纸模板

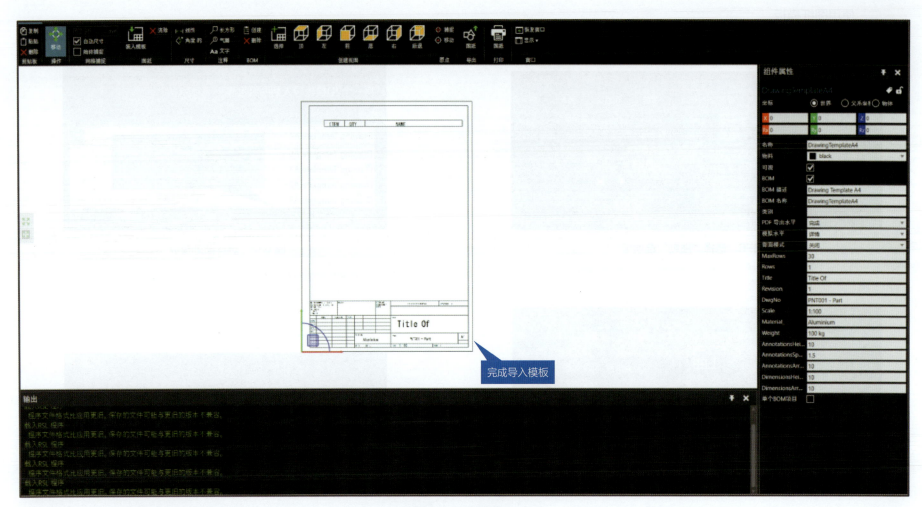

图 6-10　完成导入

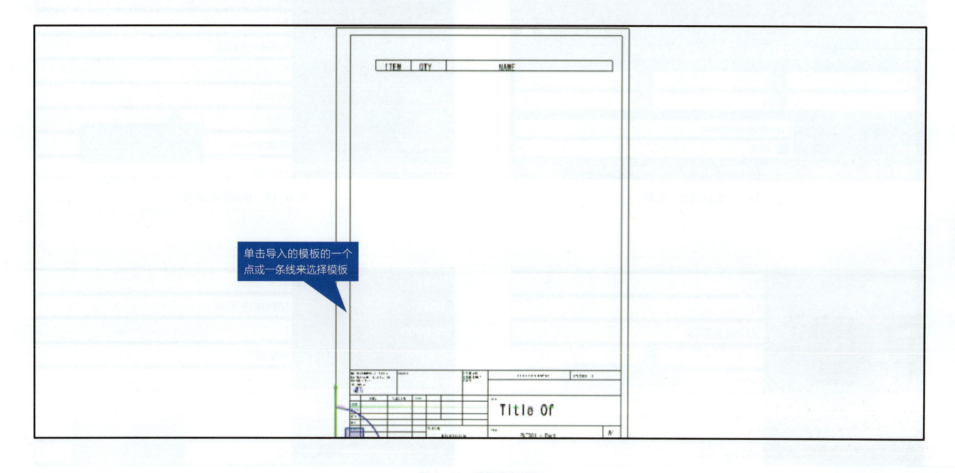

图 6-11 选择图纸模板

图 6-12 "组件属性"面板

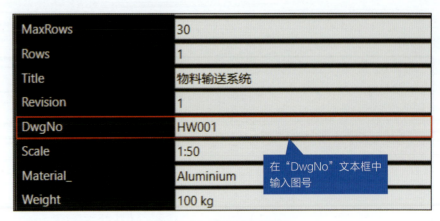

图 6-14 修改图纸图号

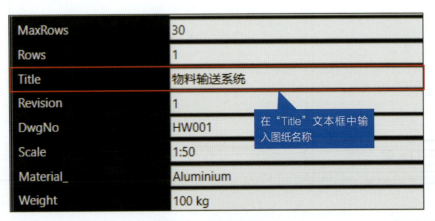

图 6-13 修改图纸名称

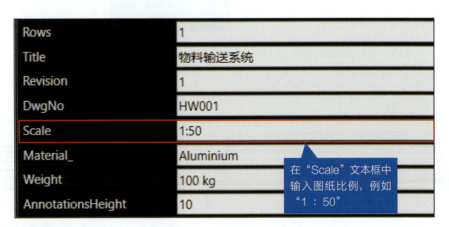

图 6-15 修改图纸比例

三、添加二维视图

操作步骤如图 6-16 ～ 图 6-22 所示。

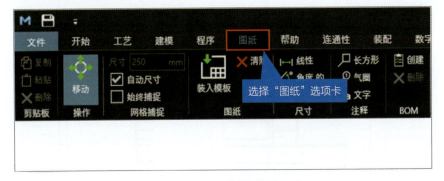

图 6-16　选择"图纸"选项卡

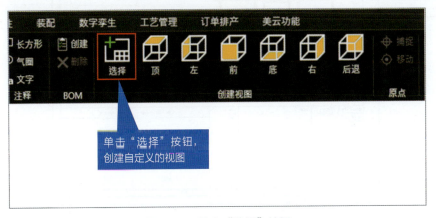

图 6-17　单击"选择"按钮

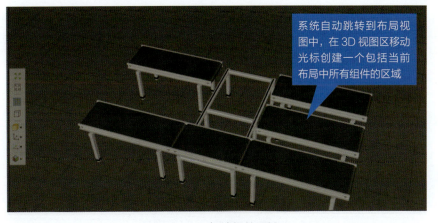

图 6-18　框选组件区域

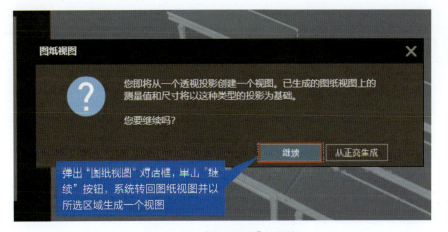

图 6-19　"图纸视图"对话框

图 6-20 "图纸属性"面板

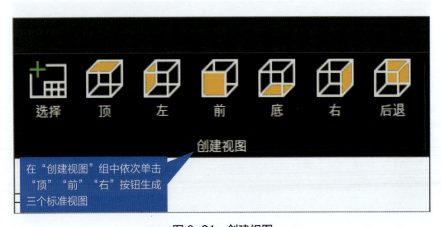

图 6-21 创建视图

图 6-22 二维图纸

任务 6.2
将工程图标注尺寸与注释

尺寸和注释是允许标记视图的其他类型的布局项目，尺寸是一条带箭头的线，表明线、点和面之间的距离和角度；注释可以是标定于一个点、一条线或边的文本标签。

一、添加尺寸

操作步骤如图 6-23 ~ 图 6-30 所示。

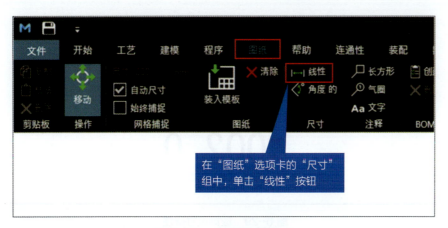

图 6-23　"图纸"选项卡

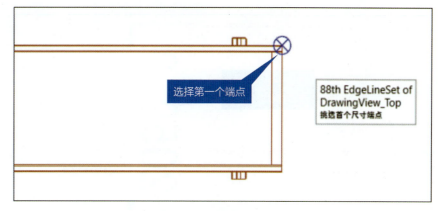

图 6-24　选择第一个端点

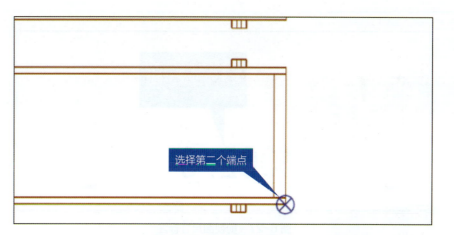

图 6-25　选择第二个端点

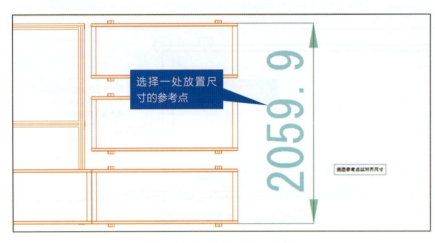

图 6-26 俯视图尺寸标注

图 6-27 前视图尺寸标注

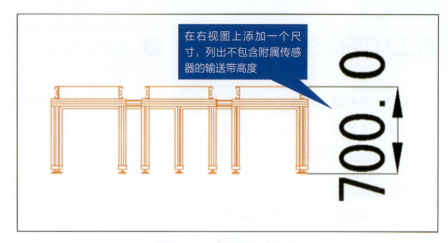

图 6-28 右视图尺寸标注

图 6-29 选择尺寸标注

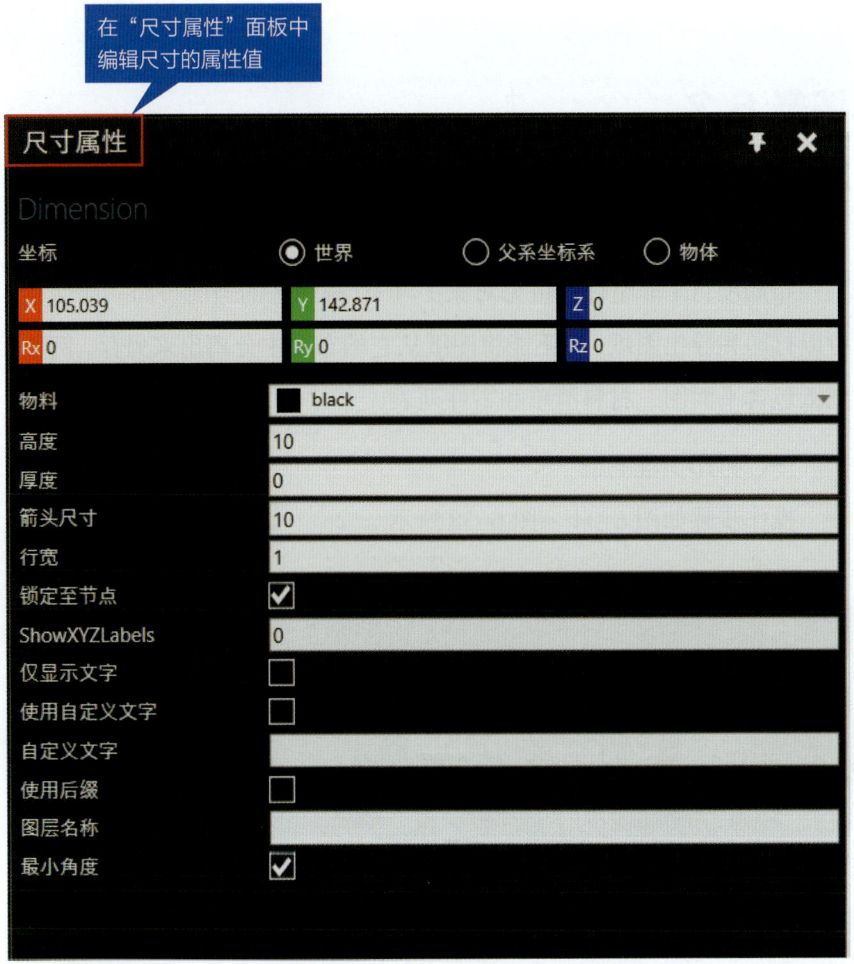

图 6-30 "尺寸属性"面板

二、添加注释

注释可以创建一个可见的插图编号或标记，用于解释说明图纸的一个或多个元素。"添加注释"命令可用于手动或自动生成所有或选定视图的注释。操作步骤如图 6-31 ~ 图 6-33 所示。

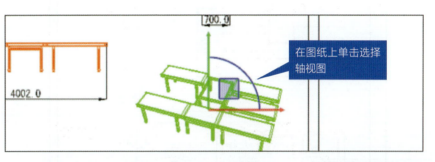

图 6-31 轴视图

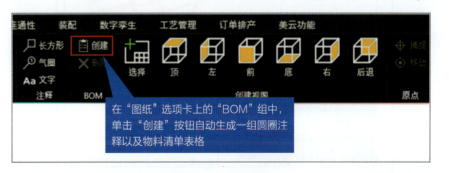

图 6-32 创建注释

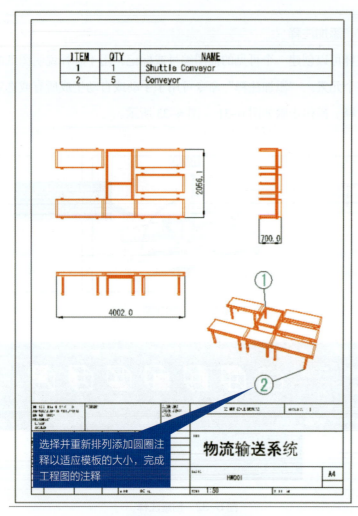

图 6-33　二维工程图纸

任务 6.3
将工程图导出并打印成图纸

布局项目（非组件的可见对象）与 3D 视图区的当前布局一起保存，可以打印和导出图纸，但不能将图纸从它的布局中分离出来另存，例如，图纸包含平面图、材料清单和零件列表。

一、打印工程图纸

操作步骤如图 6-34 ~ 图 6-38 所示。

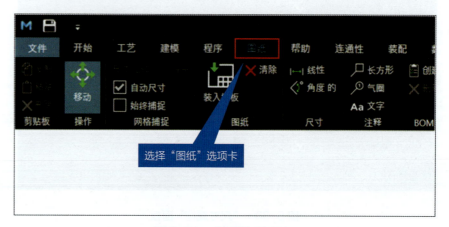

图 6-34　"图纸"选项卡

图 6-35 打印图纸

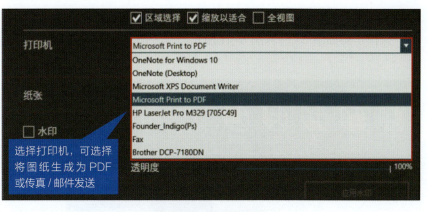

图 6-37 选择打印机

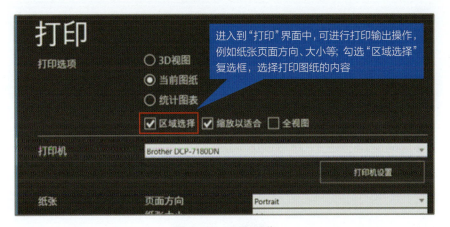

图 6-36 打印预览

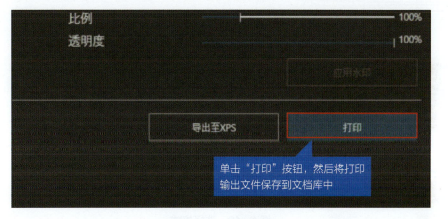

图 6-38 打印图纸

二、导出工程图纸

操作步骤如图 6-39～图 6-41 所示。

图 6-39　导出图纸

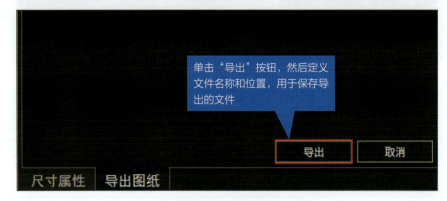

图 6-41　导出图纸

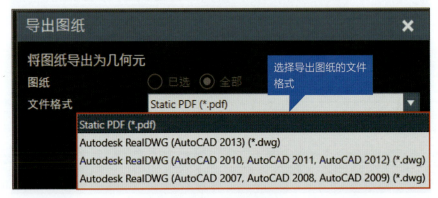

图 6-40　选择格式

项目 07

根据需求进行
简单建模

任务 7.1　使用建模功能构建简单几何体
任务 7.2　测量工具的使用
任务 7.3　创建机械装置

任务 7.1
使用建模功能构建简单几何体

在建模视图中可以进行创建新组件或为已有组件添加特征，操作步骤如图 7-1~ 图 7-8 所示。

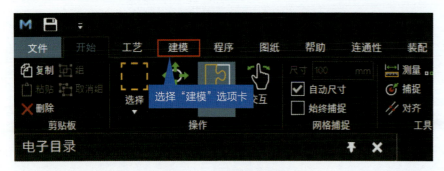

图 7-1 "建模"选项卡

图 7-2 新建组件

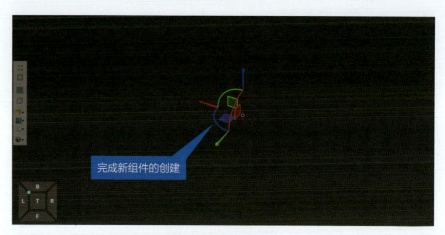

图 7-3 创建新组件

图 7-4 "特征"按钮

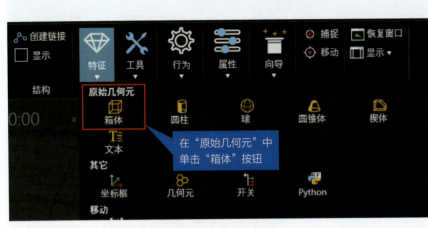

图 7-5 原始几何元

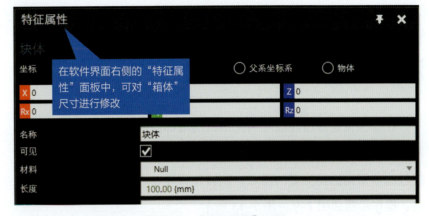

图 7-7 "特征属性"面板

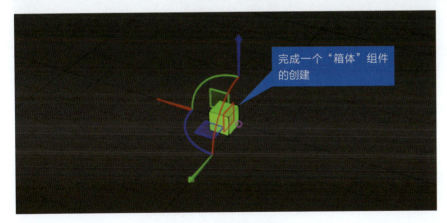

图 7-6 创建箱体组件

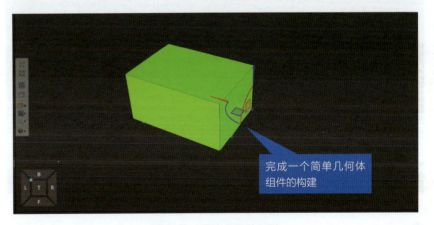

图 7-8 构建几何体组件

任务 7.2
测量工具的使用

在建模创建新组件或导入使用的模型都需要对新创建的模型的尺寸进行测量。使用"测量"工具,通过捕捉过滤器帮助选择测量的两点,能够计算两点之间的距离,操作步骤如图 7-9 ~ 图 7-13 所示。

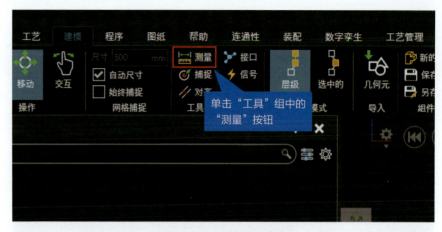

图 7-10 "测量"按钮

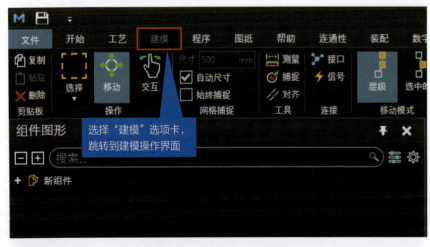

图 7-9 "建模"选项卡

图 7-11 选择第一个测量点位

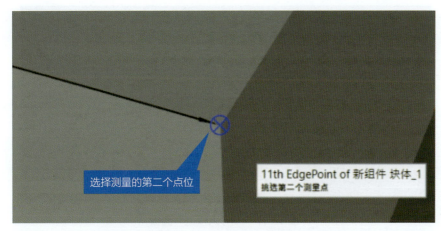

图 7-12 选择第二个测量点

任务 7.3
创建机械装置

本小节以机器人末端执行器——夹爪为例，讲解组件的快速建模过程，分为信号控制与手动控制两种，包含模型导入、模型拆分、运动属性定义与生成运动属性等内容。

一、模型导入设置

操作步骤如图 7-14 ~ 图 7-18 所示。

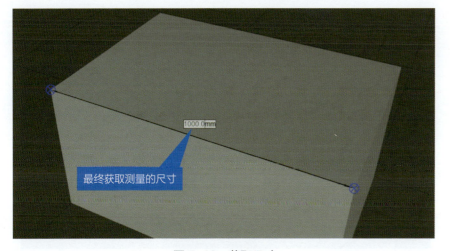

图 7-13 获取尺寸

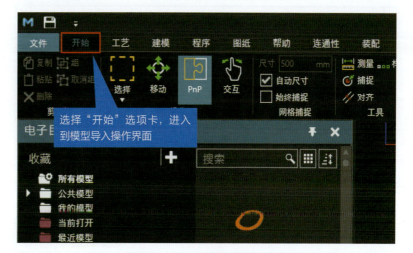

图 7-14 "开始"选项卡

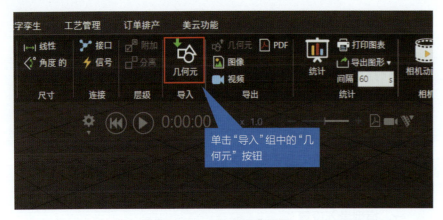

图 7-15 "几何元"按钮

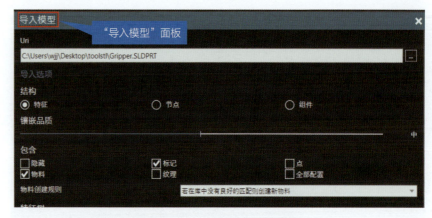

图 7-17 "导入模型"面板

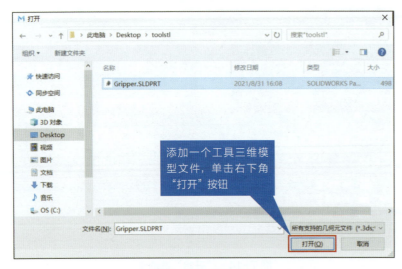

图 7-16 选择模型

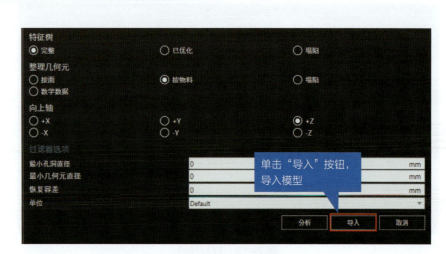

图 7-18 导入模型

二、拆分夹爪模型

操作步骤如图 7-19 ~ 图 7-29 所示。

图 7-19 "建模"选项卡

图 7-21 "分开"命令

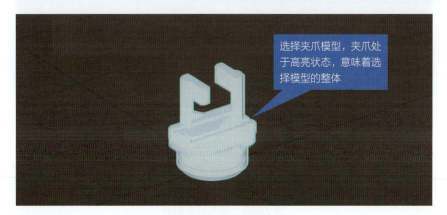

图 7-20 选择模型

图 7-22 "分开特征"面板

图 7-23 选择需要分开的模型

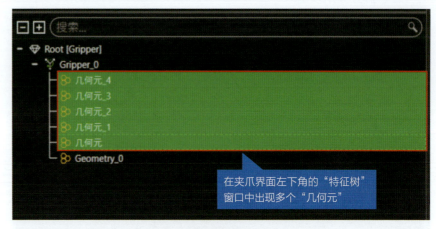

图 7-25 分成多个几何元

图 7-24 "分开"按钮

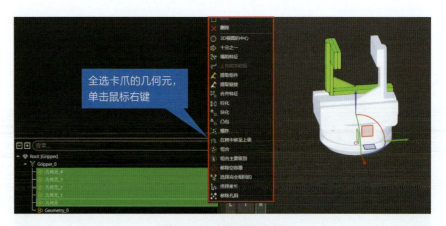

图 7-26 单击鼠标右键

图 7-27 "组合"命令

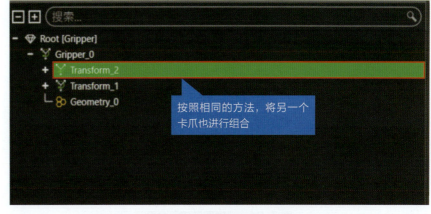

图 7-29 几何元组合（二）

图 7-28 几何元组合（一）

三、定义夹爪运动方式

操作步骤如图 7-30 ~ 图 7-45 所示。

图 7-30 选择几何元组合

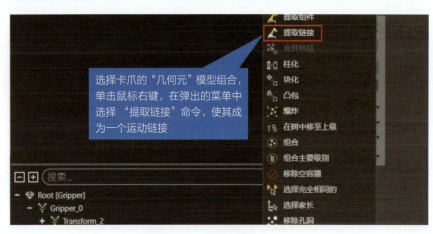

图 7-31 "提取链接"命令

图 7-33 生成链接 Link_2

图 7-32 生成链接 Link_1

图 7-34 选择链接

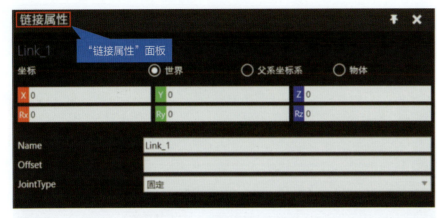

图 7-35 "链接属性"面板

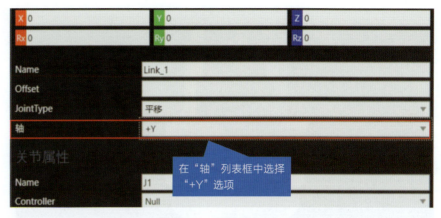

图 7-37 设置运动方向

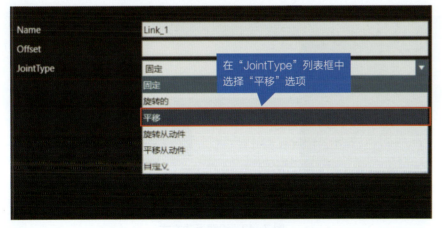

图 7-36 设置运动方式

图 7-38 "测量"按钮

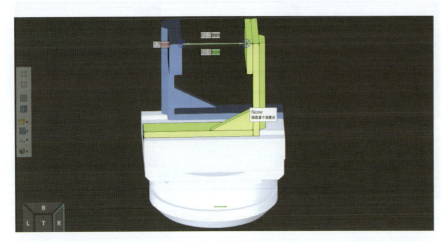

图 7-39 获取测量尺寸

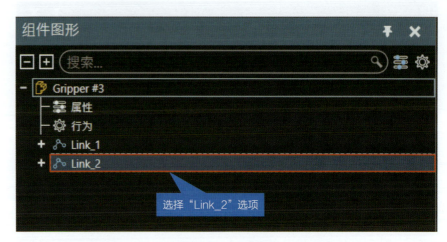

图 7-41 选择链接

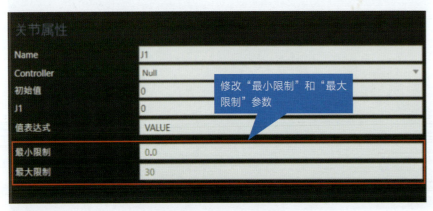

图 7-40 修改活动限制

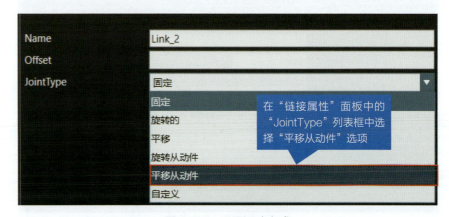

图 7-42 设置运动方式

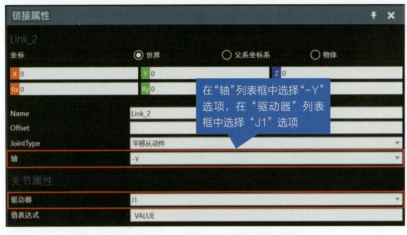

图 7-43 设置运动方向和驱动器

图 7-44 "交互"按钮

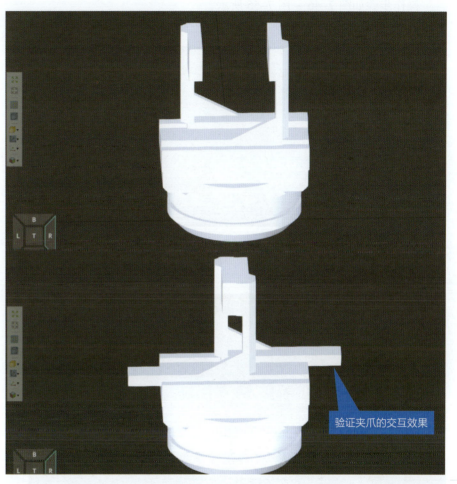

图 7-45 验证效果

项目 07　根据需求进行简单建模

四、创建机械装置信号控制属性

操作步骤如图 7-46 ~ 图 7-55 所示。

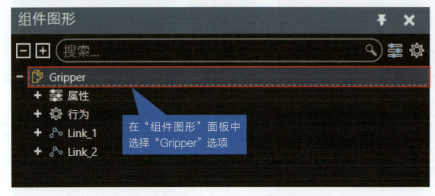

图 7-46 选择"Gripper"组件

图 7-48 选择"Link_1"选项

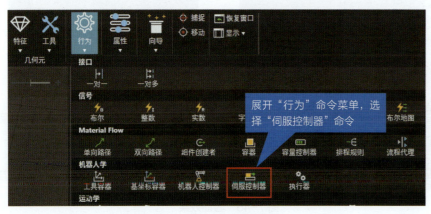

图 7-47 添加"伺服控制器"命令

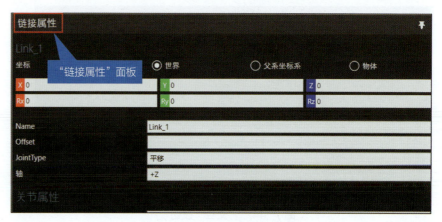

图 7-49 "链接属性"面板

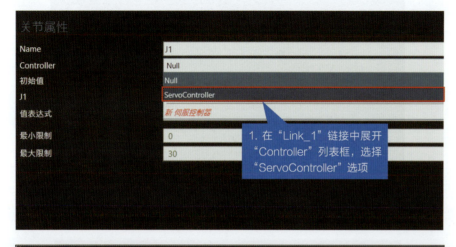

图 7-50 设置"关节属性"

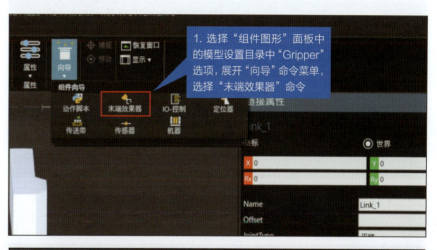

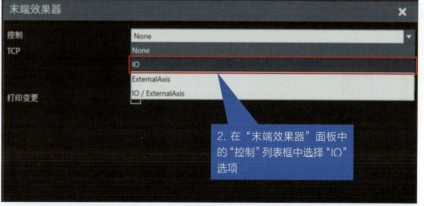

图 7-51 添加并设置"末端效果器"

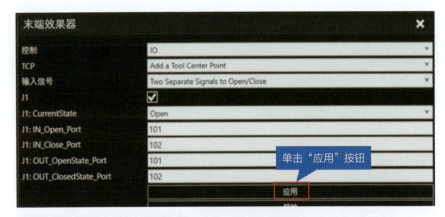

图 7-52 应用"末端效果器"

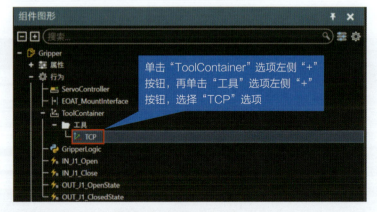

图 7-54 选择"TCP"选项

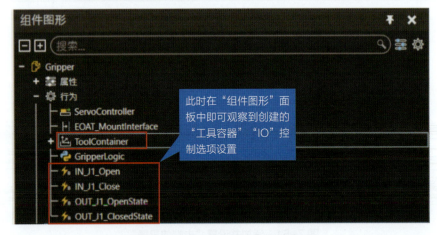

图 7-53 "末端效果器"创建完成

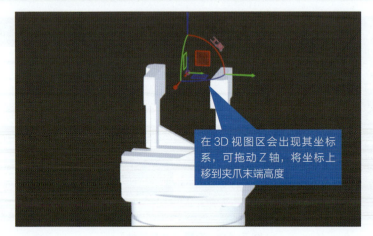

图 7-55 移动工具坐标

五、夹爪信号控制验证

回到"开始"选项卡,在布局中导入一个机器人,以ABB型号"IRB_120"的机器人为例,将夹爪与机器人末端进行"PnP"连接,当出现绿色箭头时证明夹爪可与机器人连接,接口设置无误,操作步骤如图7-56~图7-65所示。

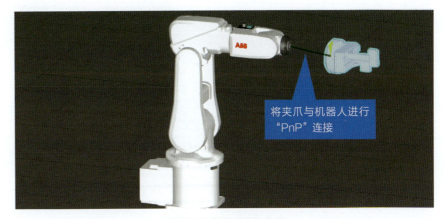

图7-57 连接夹爪

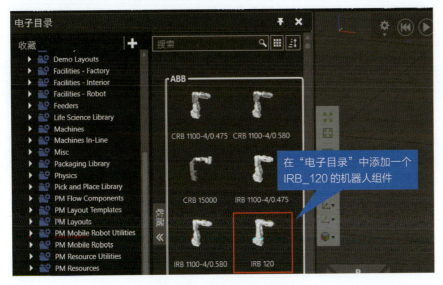

图7-56 添加机器人组件

图7-58 "程序"选项卡

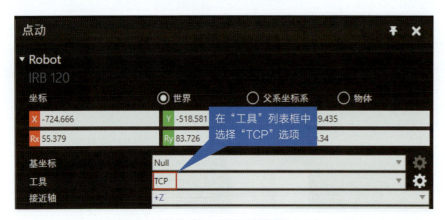

图 7-59　选择工具坐标

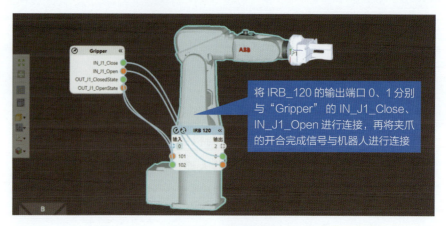

图 7-61　信号连接

图 7-60　"信号"按钮

图 7-62　"程序编辑器"面板

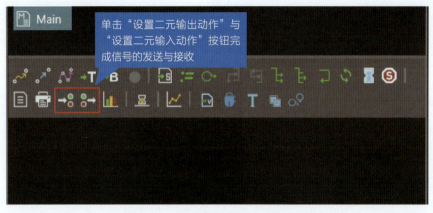

图 7-63 输入信号与输出信号命令

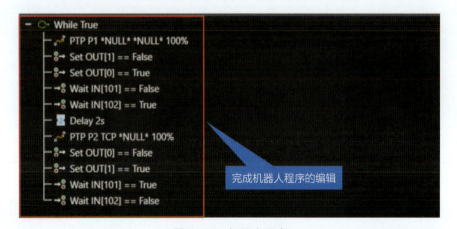

图 7-64 机器人程序

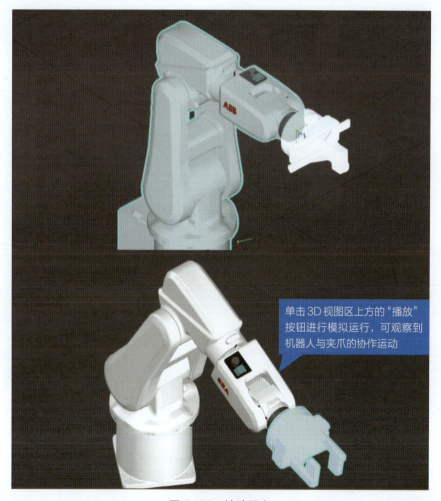

图 7-65 检验程序

项目 08

用西门子 PLC 操作整个仿真工作站

任务 8.1　与 PLC 连接的准备工作
任务 8.2　在西门子 TIA 中编写 PLC 程序
任务 8.3　PLC 与工作站之间通信信号设置
任务 8.4　测试 PLC 程序控制工作站的效果

任务 8.1
与 PLC 连接的准备工作

安装博途 TIA Portal V15、S7-PLCSIM V15、NetToPLCsim 软件，如图 8-1 所示。

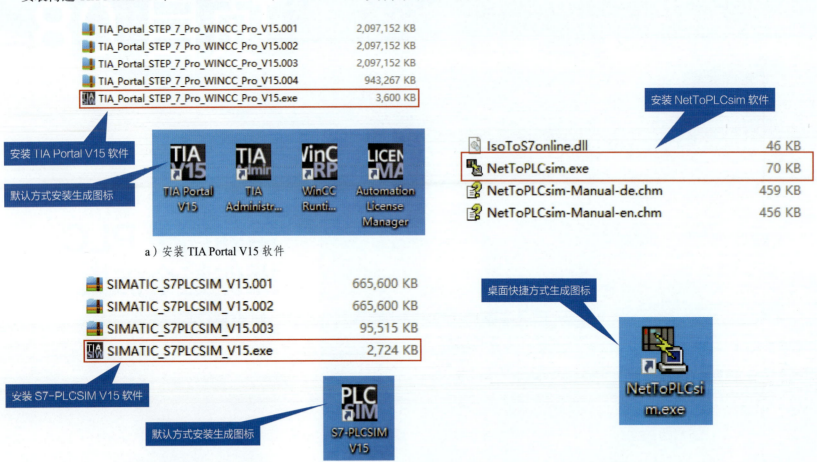

图 8-1 安装软件

任务 8.2
在西门子 TIA 中编写 PLC 程序

一、新建项目

打开 TIA 软件，选择"创建新项目"选项，如图 8-2 所示。

图 8-2　创建新项目

二、添加新设备

在 TIA 软件中，添加新设备的操作（CPU 1212C DC/DC/DC），如图 8-3 ~ 图 8-5 所示。

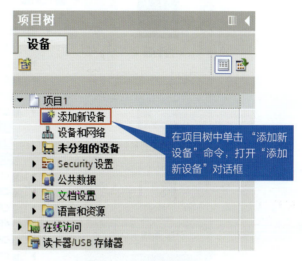

图 8-3　添加新设备

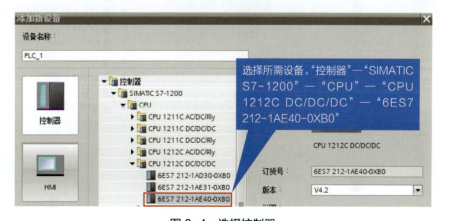

图 8-4　选择控制器

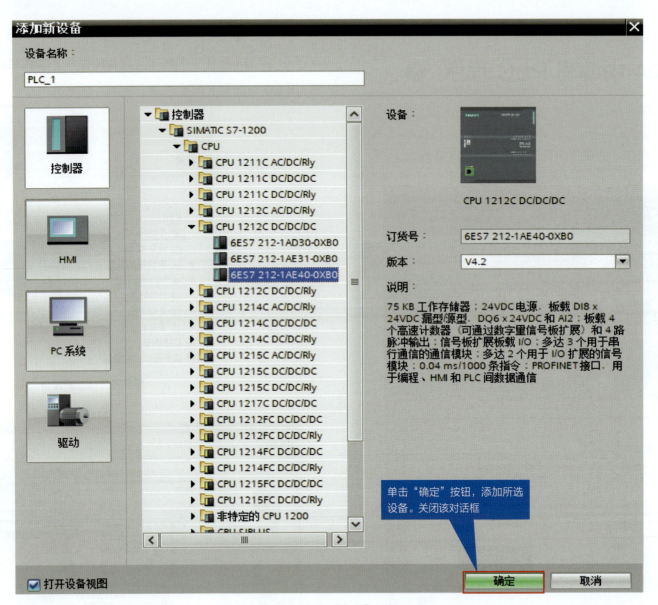

图 8-5 单击"确定"按钮

三、编写 PLC 程序

根据工艺流程（图 8-6）和 IO 地址分配表，如表 8-1 所示。

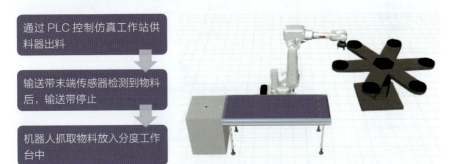

图 8-6 工艺流程

表 8-1 IO 地址分配表

PLC IO 地址分配		模拟 IO 地址分配	
服务器变量	分配地址	说明	模拟变量
wuliaodaowei	I0.0	输送带检测物料到位	Sensor.Conveyor.SensorBooleanSignal
robotZQwc	I0.1	机器人抓取完成	IRB 2600-20/1.65.Outputs.105
blackSignal	Q0.0	输出 black 物料	Feeder #3. blackSignal
whiteSignal	Q0.1	输出 white 物料	Feeder #3. whiteSignal
linearSignal	Q0.2	输出 linear 物料	Feeder #3. linearSignal
Conveyor.StartStop	Q0.3	输送带启停控制	Sensor.Conveyor.StartStoop
TZrobotZQ	Q0.4	通知机器人抓取物料	IRB 2600-20/1.65.Inputs.100

编写西门子出料控制、到位停止、通知取料、取走启动的 PLC 梯形图的操作，如图 8-7 所示。

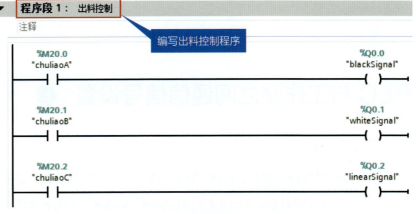

a）出料控制

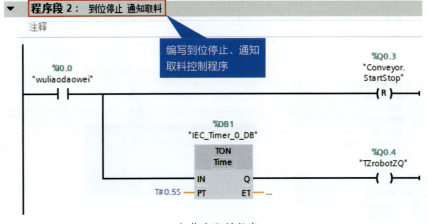

b）停止取料程序

c）启动输送带程序

图 8-7 编写程序

任务 8.3
PLC 与工作站之间通信信号设置

一、PLC 通信信号设置

进入 PLC 属性设置界面，选择"防护与安全"→"连接机制"选项，勾选"允许来自远程对象的 PUT/GET 通信访问"复选框，如图 8-8 所示。

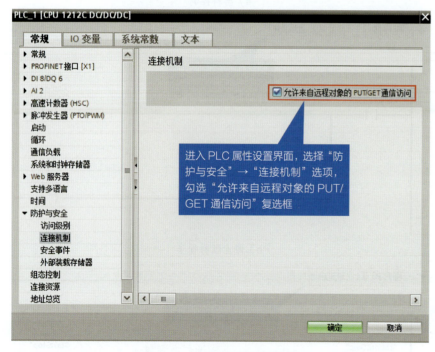

图 8-8　勾选 PUT/GET 访问

在 PLC 属性设置界面中，展开"DI8/DQ6"选项，选择"I/O 地址"选项，将"过程映像"设置为"无"，如图 8-9 所示。

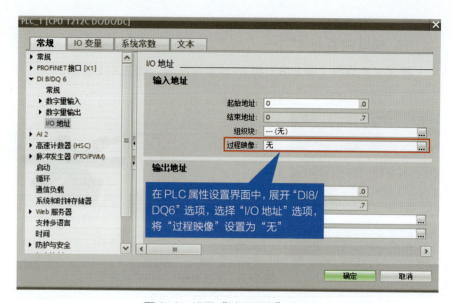

图 8-9　设置"过程映像"选项

导出 PLC 控制程序中的输入/输出变量，并生成对应的表格，操作步骤如图 8-10 ~ 图 8-12 所示。

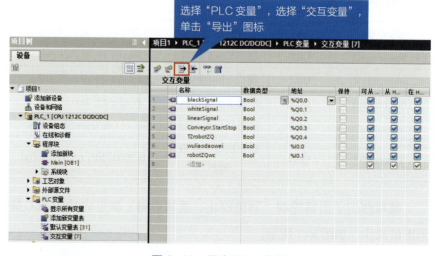

图 8-10　导出 PLC 变量

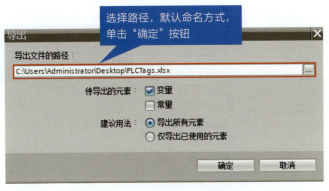

图 8-11 选择导出文件路径

图 8-12 导出完成

打开导出的表格文件，核对变量表格（表 8-2）有无缺漏。

表 8-2 变量表格

Name	Path	Data Type	Logical Address	Comment	Hmi Visible	Hmi Accessible	Hmi Writeable
blackSignal	交互变量	Bool	%Q0.0		True	True	True
whiteSignal	交互变量	Bool	%Q0.1		True	True	True
linemSignal	交互变量	Bool	%Q0.2		True	True	True
Conveyor.StartStop	交互变量	Bool	%Q0.3		True	True	True
TZrobotZQ	交互变量	Bool	%Q0.4		True	True	True
wuliaodaowei	交互变量	Bool	%I0.0		True	True	True
robotZQwc	交互变量	Bool	%I0.1		True	True	True

打开 S7-PLCSIM V15 仿真软件，并且单击开机按钮的操作，如图 8-13 所示。

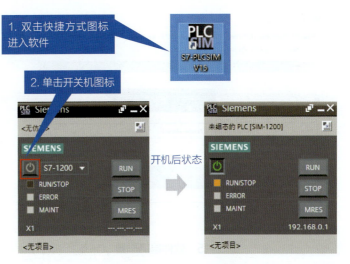

图 8-13 开启 PLC 仿真

二、NetToPLCsim 通信设置

运行 NetToPLCsim 软件，获取端口的操作步骤如图 8-14 和图 8-15 所示。

图 8-14 获取端口

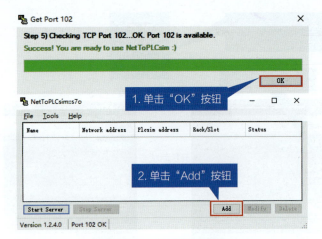

图 8-15　软件端口配置

配置 NetToPLCsim 软件的操作步骤如图 8-16 ~ 图 8-19 所示。

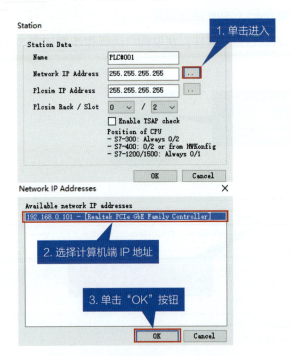

图 8-16　配置 Network IP Address

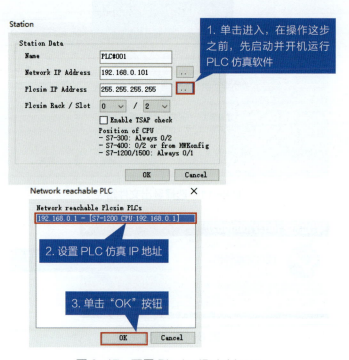

图 8-17　配置 Plcsim IP Address

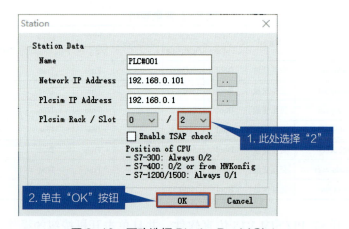

图 8-18　更改选择 Plcsim Rack/ Slot

图 8-19 启动服务器

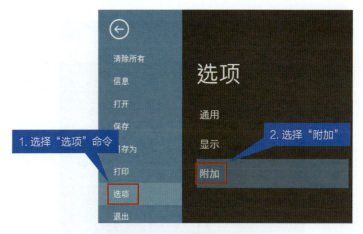

图 8-21 进入软件附加选项

三、启用 MIoT.VC 连通性

启用 MIoT.VC 软件连通性功能的操作步骤如图 8-20~ 图 8-24 所示。

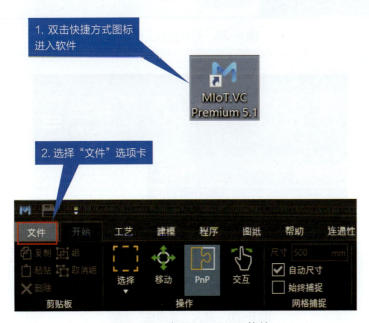

图 8-20 启用 MIoT.VC 软件

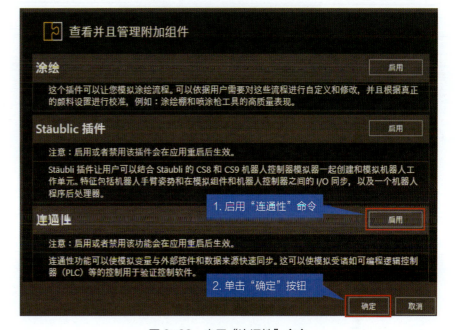

图 8-22 启用"连通性"命令

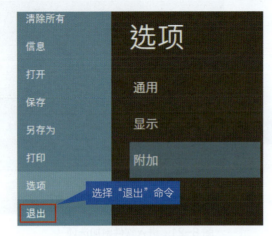

图 8-23　关闭软件

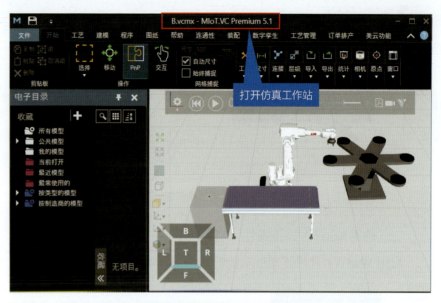

图 8-25　打开仿真工作站

图 8-24　"连通性"选项卡

图 8-26　进入"连通性"功能

四、打开 B.vcmx 仿真工作站

添加仿真工作站服务器及 IP 通信连接的操作步骤，如图 8-25~图 8-31 所示。

图 8-27　选择"Siemens S7"选项

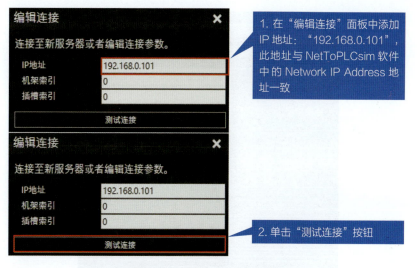

图 8-29　输入 IP，测试连接

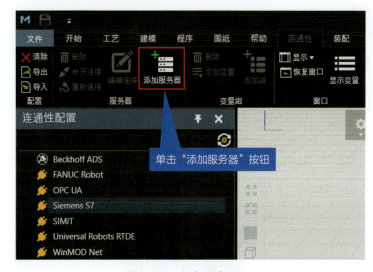

图 8-28　添加服务器

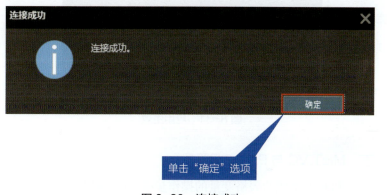

图 8-30　连接成功

项目 08　用西门子 PLC 操作整个仿真工作站　149

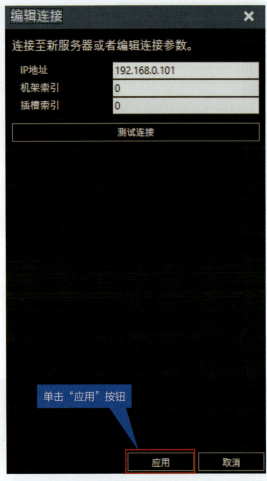

图 8-31 应用生效

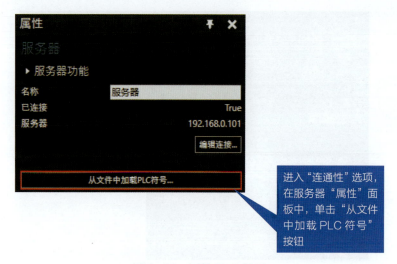

图 8-32 加载 PLC 符号

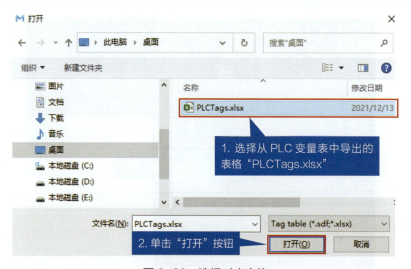

图 8-33 选择对应表格

五、MIoT.VC 与 PLC 信号设置

加载 PLC 所生成的表格变量的操作步骤如图 8-32~图 8-34 所示。

图 8-34 确定加载

添加工作站模拟至服务器变量对的操作步骤如图 8-35~图 8-38 所示。

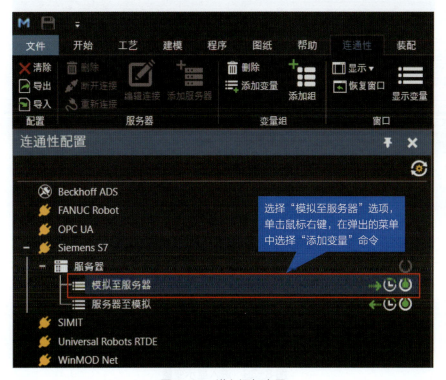

图 8-35 进入添加变量

图 8-36 输出信号选择

项目 08 用西门子 PLC 操作整个仿真工作站   151

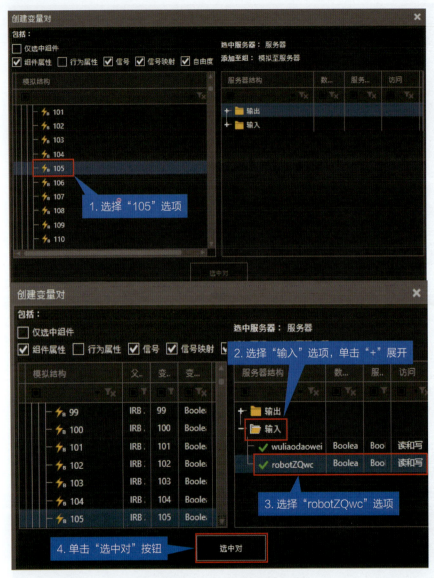

图 8-37 Robot 变量对的添加

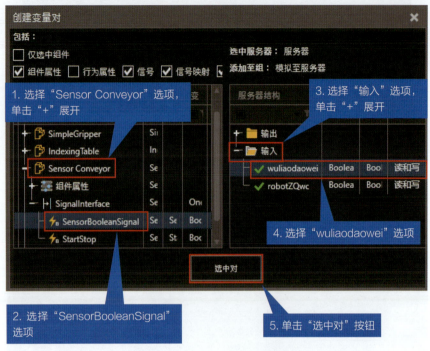

图 8-38 传送带变量对的添加

检查模拟至服务器变量对的操作步骤如图 8-39 和图 8-40 所示。

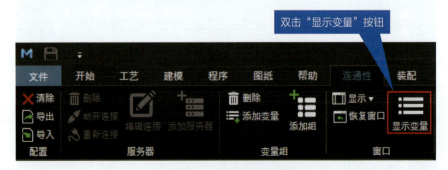

图 8-39 进入显示变量

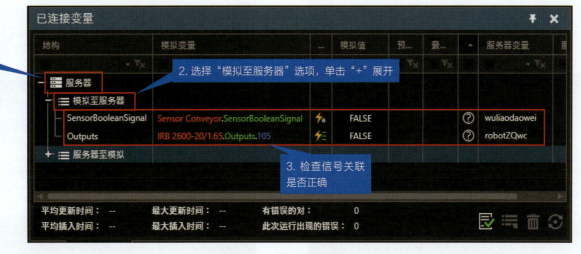

图 8-40 信号关联列表

添加工作站服务器至模拟变量对的操作步骤如图 8-41~图 8-47 所示。

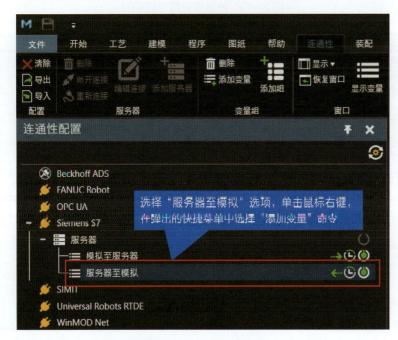

图 8-41 进入添加变量

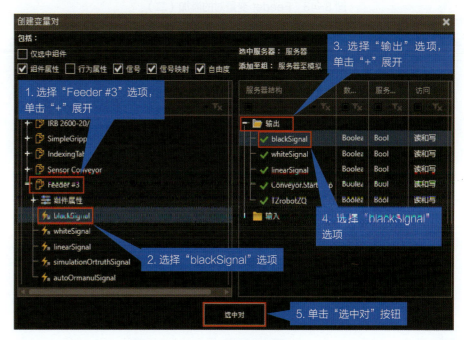

图 8-42 Feeder 变量对的添加（一）

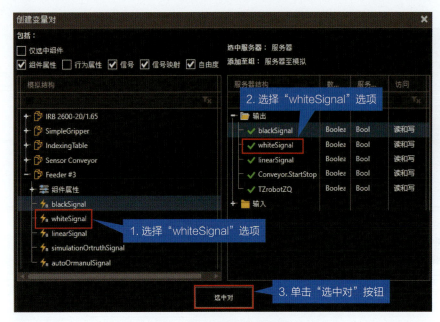

图 8-43　Feeder 变量对的添加（二）

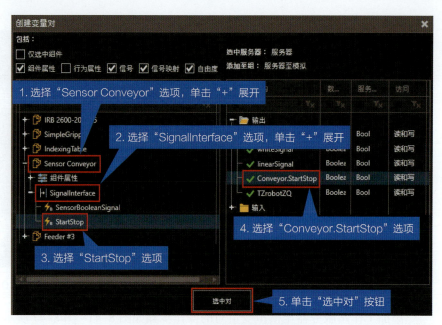

图 8-45　传送带变量对的添加

图 8-44　Feeder 变量对的添加（三）

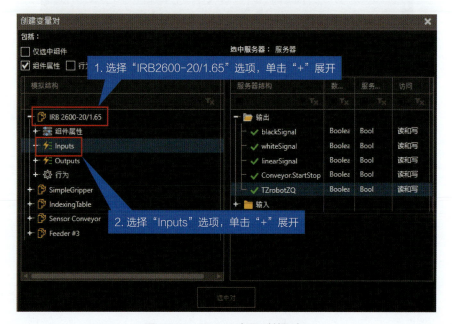

图 8-46　Robot 变量对的添加

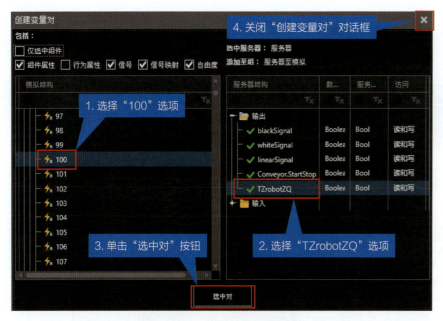

图 8-47 robot 变量对的添加

检查模拟至服务器变量对的操作步骤如图 8-48 和图 8-49 所示。

查看仿真工作站机器人程序、信号、组件属性的操作步骤如图 8-50~图 8-53 所示。

图 8-48 进入显示变量

图 8-49 信号关联列表

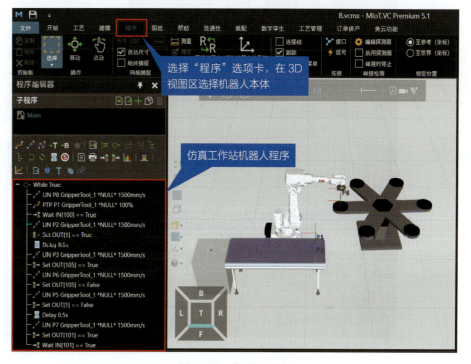

图 8-50 机器人程序

项目 08 用西门子 PLC 操作整个仿真工作站 155

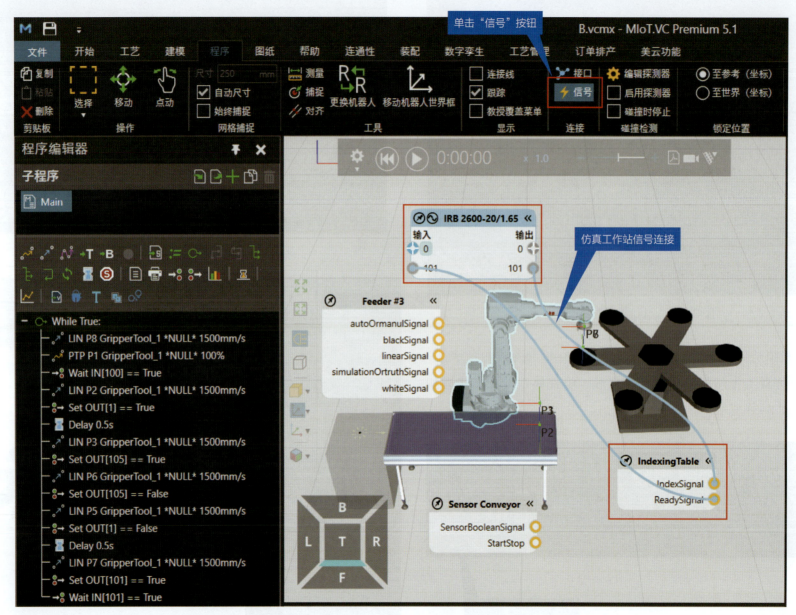

图 8-51 Robot 信号连接

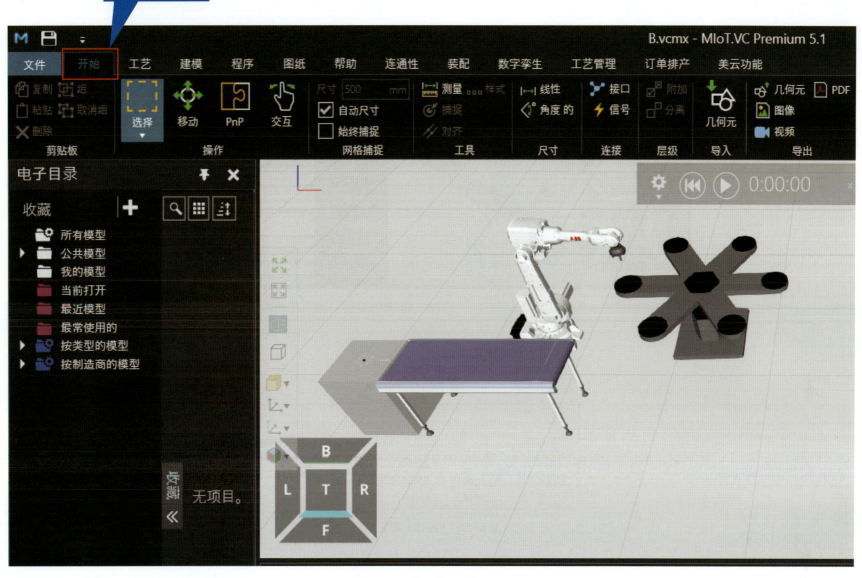

图 8-52 选择"开始"选项卡

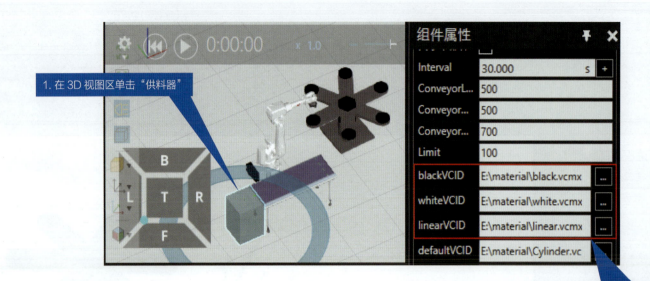

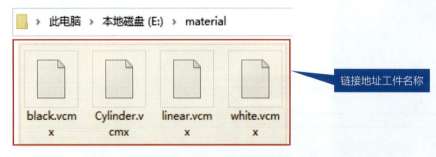

图 8-53 Feeder 链接

保存已制作完成的仿真工作站，如图 8-54 所示。

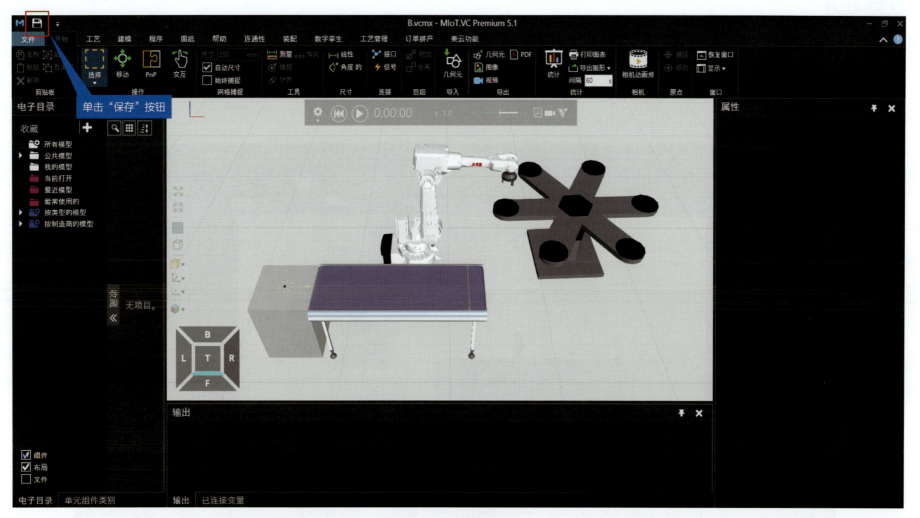

图 8-54　保存仿真工作站

任务 8.4
测试 PLC 程序控制工作站的效果

一、打开仿真工作站项目

打开已制作完成的 MIoT.VC 仿真工作站，如图 8-55 所示。

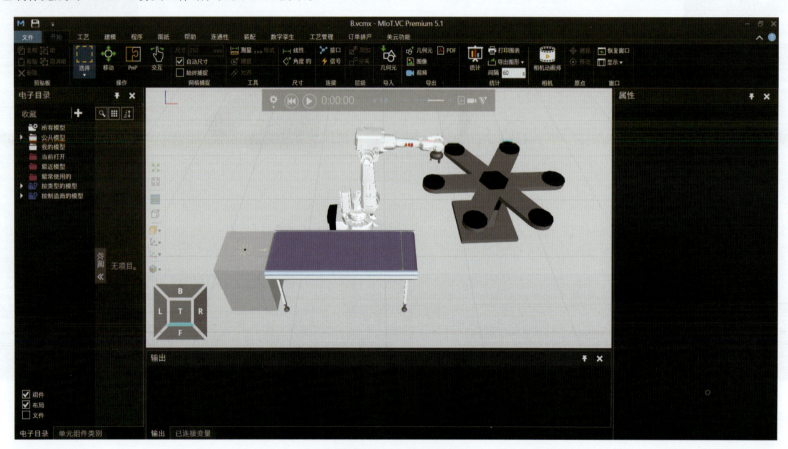

图 8-55 仿真工作站

二、启动 S7-PLCSIM V15

打开 S7-PLCSIM V15 仿真软件，并且单击开机按钮，如图 8-56 所示。

图 8-56 开启 PLC 仿真

三、建立 NetToPLCsim 连接

运用 NetToPLCsim 将西门子博途软件与 MIoT.VC 软件进行 IP 连接，如图 8-57 所示。

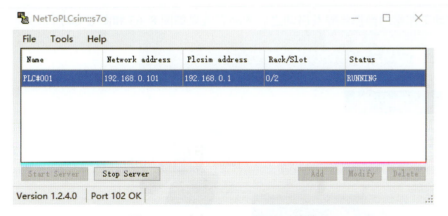

图 8-57 建立 NetToPLCsim 连接

四、建立 MIoT.VC 连接

设置 MIoT.VC 连接，操作步骤如图 8-58~图 8-62 所示。

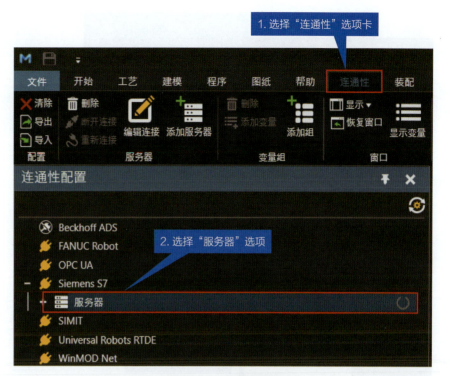

图 8-58 服务器连接

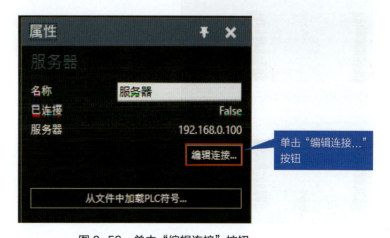

图 8-59 单击"编辑连接"按钮

项目 08　用西门子 PLC 操作整个仿真工作站　161

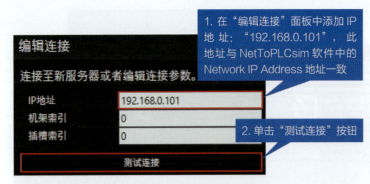

图 8-60　输入服务器 IP 地址

图 8-61　连接成功

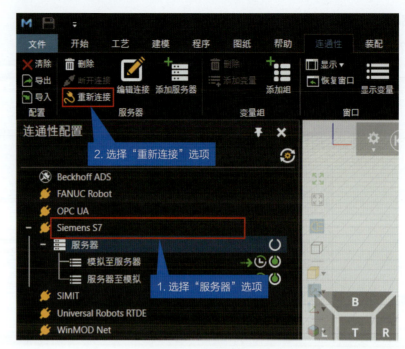

图 8-62　连接服务器

启动工作站的操作步骤及启动之后的动态效果如图 8-63 和图 8-64 所示。

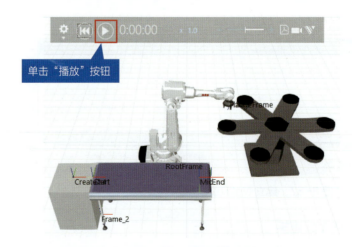

图 8-63　启动工作站

工业仿真软件 MIoT.VC 培训教程——基础篇

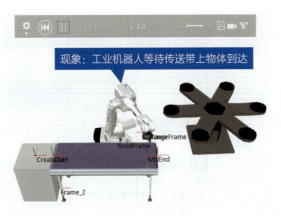

图 8-64 动态效果

五、运行项目文件

打开任务八所提供的博途项目文件。下载 PLC 程序，启动运行程序，开启监视程序，触发程序，操作步骤如图 8-65~ 图 8-69 所示。

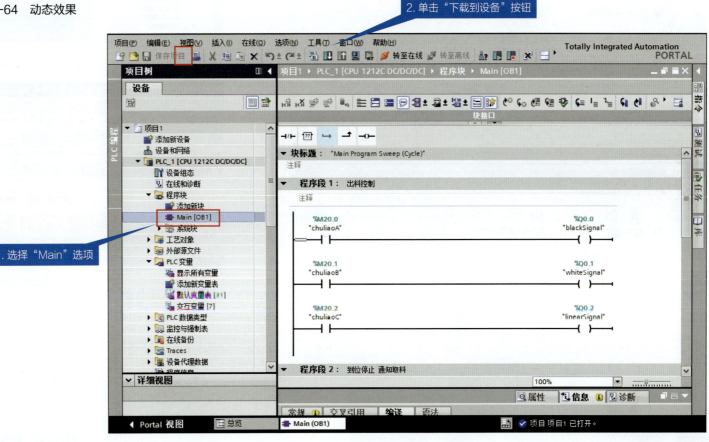

图 8-65 下载 PLC 程序

项目 08 用西门子 PLC 操作整个仿真工作站 163

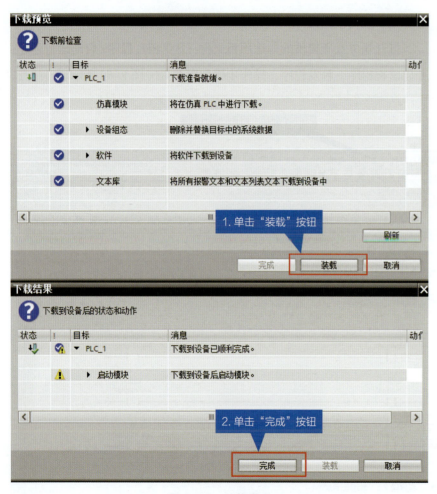

图 8-66　下载完成

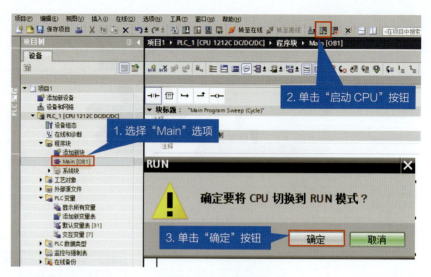

图 8-67　启动程序

图 8-68　监视程序

图 8-69　触发程序

164　工业仿真软件 MIoT.VC 培训教程——基础篇

六、PLC 程序控制仿真工作站效果

通过触发 PLC 程序，运用 NetToPLCsim 软件连接，将信号传递给 MIoT.VC 软件中的仿真工作站，仿真效果如图 8-70 所示。

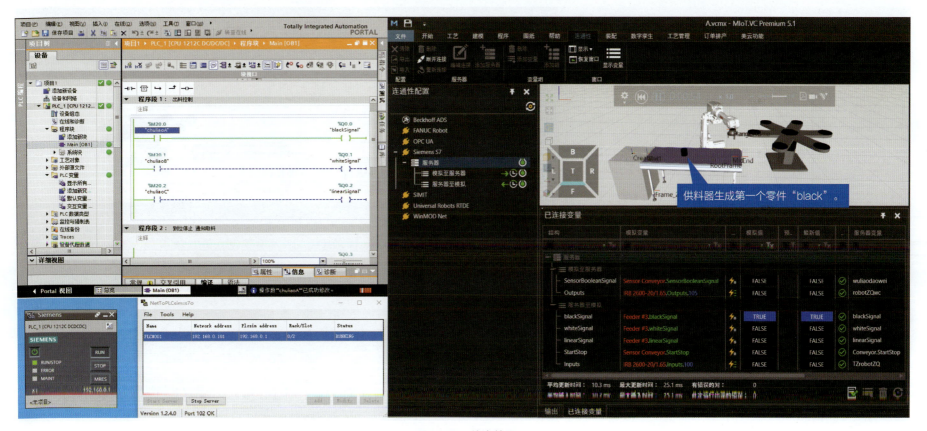

图 8-70　仿真效果

用西门子 PLC 操作整个仿真工作站的整体动态效果如图 8-71 所示。

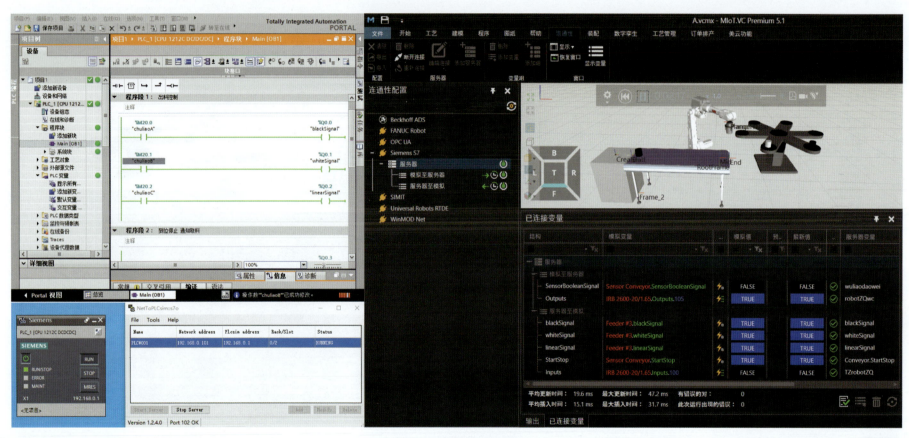

图 8-71　整体动态效果